"十二五"普通高等教育本科国字级规划教材

创新方法系列丛书

TRIZ 入门 100 问
——TRIZ 创新工具导引

张明勤　范存礼　王日君　张士军　编著

机械工业出版社

本书内容包括创新基础导引、TRIZ 入门导引、TRIZ "思维桥"导引、TRIZ "进化桥"导引、TRIZ "参数桥"导引、TRIZ "结构桥"导引、TRIZ "功能桥"导引、TRIZ 发明原理导引、TRIZ 进阶导引、附录等内容。全书充分反映了 TRIZ 理论的主要内容体系，并结合最新的科技发展成果，补充了大量的 TRIZ 理论创新的实例和图片。

本书以问答形式编写，方便阅读与理解。

本书可以作为大学生 TRIZ 理论研究与学习的创新课程教材，也可作为企业、科研机构等行业技术创新培训的参考书。

图书在版编目（CIP）数据

TRIZ 入门 100 问：TRIZ 创新工具导引/张明勤等编著. —北京：机械工业出版社，2012.5（2025.1 重印）

（创新方法系列丛书）

ISBN 978-7-111-37781-8

Ⅰ.①T… Ⅱ.①张… Ⅲ.①创造学–问题解答 Ⅳ.①G305–44

中国版本图书馆 CIP 数据核字（2012）第 049209 号

机械工业出版社（北京市百万庄大街 22 号　邮政编码 100037）
策划编辑：丁昕祯　　责任编辑：丁昕祯　程足芬　邓海平
版式设计：霍永明　　责任校对：樊钟英
封面设计：陈　沛　　责任印制：单爱军
北京虎彩文化传播有限公司印刷
2025 年 1 月第 1 版第 9 次印刷
184mm×260mm·8.75 印张·211 千字

标准书号：ISBN 978-7-111-37781-8
定价：35.00 元

凡购本书，如有缺页、倒页、脱页，由本社发行部调换

电话服务	网络服务
服务咨询热线：010-88379833	机工官网：www.cmpbook.com
读者购书热线：010-88379649	机工官博：weibo.com/cmp1952
	教育服务网：www.cmpedu.com
封底无防伪标均为盗版	金　书　网：www.golden-book.com

前　言

从中央到地方，从企业到学校，从技术到管理，从产品开发到人才培养……创新的形势与需求有目共睹，创新的重要性毋庸置疑。但具体到每一级组织、每一个人，创新究竟从何做起？

"自主创新，方法先行"，创新方法是自主创新的根本之源。2007 年起，我国政府把创新方法工作作为重大科技专项开始推进。2008 年 4 月，科学技术部、国家发展改革委员会、教育部、中国科协联合发文《关于加强创新方法工作的若干意见》，指出"大力推进技术创新方法应用，切实增强企业创新能力。针对建立以企业为主体的技术创新体系的重大需求，推进 TRIZ 等国际先进技术创新方法与中国本土需求融合；推广技术成熟度预测、技术进化模式与路线、冲突解决原理、效应及标准解等 TRIZ 中成熟方法在企业的应用"。"编制技术创新方法培训教材"。"积极推动技术创新方法的培训，特别是推动 TRIZ 中成熟方法的培训，构建创新型企业文化，培养创新工程师，增强企业创新能力"。近年来，TRIZ 培训如雨后春笋蓬勃发展，TRIZ 相关的教材、著作也是竞相出版，为人们学习 TRIZ 提供了丰富的"食粮"。但同时，对于那些急于学习创新方法、提高创新能力并开展应用的人来说，传统 TRIZ 显得过于庞杂，学习"门槛"高，常常导致"消化不良"。能不能删繁就简，突出重点，给人们学习和应用创新方法提供一条简洁、便利的途径，这正是本书的编写思想。

本书将博大精深的经典 TRIZ 归纳为"TRIZ1141"、"七类工具包"、"五个 TRIZ 桥"实用体系。"TRIZ 入门 100 问"，采取一问一答的形式，重点突破，让您快速掌握核心内容、快速提升创新能力。"TRIZ 创新工具导引"，为您学习 TRIZ 理论、使用 TRIZ 工具，起到导航、引领的作用。基于以上特点，本书既可以作为大学生、研究生、工程技术人员和管理人员学习 TRIZ 的入门教材，也可以作为工具书供有一定 TRIZ 基础的人们查找"TRIZ 工具"使用。

本书共 8 章。第 1 章 TRIZ 基础导引，引导读者了解 TRIZ 的起源、TRIZ 的解题模式、经典 TRIZ 的内容体系、TRIZ1141 实用体系等内容，介绍了"TRIZ 桥"概念；第 2 章 TRIZ "思维桥"导引，引导读者通过"思维桥"突破思维定势，掌握五种创新思维方法的使用技巧，学会利用"思维桥"查找解决问题所需要的资源；第 3 章 TRIZ "进化桥"导引，引导读者通过"进化桥"分析技术系统的发展变化规律，掌握八大系统进化法则的概念与使用方法；第 4 章 TRIZ "参数桥"导引，引导读者通过"参数桥"解决系统中存在的各种冲突，学会发明原理和分离原理的选择与使用技巧；第 5 章 TRIZ "结构桥"导引，引导读者通过"结构桥"快速解决创新发明的"标准问题"，掌握进行系统功能分析、物场分析的方法，学会 76 个标准解法的选用技巧；第 6 章 TRIZ "功能桥"导引，引导读者通过"功能桥"快速解决功能需求类问题，掌握 How to 模型与科学效应的选用方法；第 7 章 TRIZ 发明原理导引，引导读者详细了解 40 个发明原理的内涵，掌握使用方法与技巧；第 8 章 TRIZ 进阶导引，引导读者学会综合应用 TRIZ 各种工具解决复杂创新问题，了解进一步学习应用 TRIZ 的途径，熟悉将 TRIZ 引进你的组织的程序与方式。本书附录部分介绍了 39 个通用工程参数、39×39 冲突矩阵、76 个标准解系统和 100 个科学效应。

本书由济南创新方法研究会组编。张明勤教授、范存礼教授、王日君博士、张士军博士联合编著。部分内容引用了李海青、韩立芳、石海龙、臧德江、李敏、苏谦等硕士学位论文的研究成果；丛东升协助整理了第七章的素材，张沙沙、李清杰、郭楠、曲胜、李春艳、邱继伟等研究生协助整理了其他相关素材。全书由张明勤教授统稿。

本书的编写得到了科技部创新方法工作专项（2009IM021000、2010IM021300）、山东省自然科学基金（2007 ZRB01948）的资助。山东建筑大学的张瑞军、于复生、王凤翔、董明晓等几位教授为本书的编写提出了宝贵意见。本书的编写还参考了国内外大量相关文献和成果，引用了一些图片，特此致以深深的谢意。

本书从编写体例到内容选择是一种新的尝试，限于水平和时间，错误与不足之处在所难免，请读者将批评指正意见与建议发至 sdtriz@126.com 信箱，以便再版时修订，诚致谢意。

编　者
于山东济南

目录

前言

第1章 TRIZ 基础导引 ········· 1
- 问题 1　创新需要方法吗? ············ 2
- 问题 2　创新有方法吗? ············· 2
- 问题 3　何为 TRIZ? ··············· 4
- 问题 4　TRIZ 是如何起源与发展的? ····· 4
- 问题 5　经典 TRIZ 包含哪些内容? ····· 7
- 问题 6　经典 TRIZ 的体系结构是怎样的? ···················· 9
- 问题 7　TRIZ 解决问题的模式是怎样的? ···················· 10
- 问题 8　何为 TRIZ1141 体系? ········ 10
- 问题 9　何为"TRIZ 桥"? ·········· 11

第2章 TRIZ"思维桥"导引 ········ 13
- 问题 10　"思维桥"是如何构成的? ···· 14
- 问题 11　如何使用 IFR? ············ 14
- 问题 12　如何使用九屏法? ·········· 17
- 问题 13　如何使用 STC 算子? ······· 19
- 问题 14　如何使用金鱼法? ·········· 20
- 问题 15　如何使用小人法? ·········· 23
- 问题 16　如何利用"思维桥"进行资源分析? ·················· 25

第3章 TRIZ"进化桥"导引 ········ 27
- 问题 17　"进化桥"是如何构成的? ···· 28
- 问题 18　技术系统进化有哪些规律? ··· 28
- 问题 19　如何使用完备性法则? ······ 29
- 问题 20　如何使用能量传递法则? ···· 30
- 问题 21　如何使用协调性进化法则? ··· 31
- 问题 22　如何使用提高理想度法则? ··· 32
- 问题 23　如何使用动态性进化法则? ··· 34
- 问题 24　如何使用子系统不均衡进化法则? ·················· 36
- 问题 25　如何使用向微观级进化法则? ·················· 39
- 问题 26　如何使用向超系统跃迁法则? ·················· 41
- 问题 27　何为 S 曲线? ············· 42
- 问题 28　S 曲线与进化法则有何关系? ···················· 43

第4章 TRIZ"参数桥"导引 ········ 47
- 问题 29　"参数桥"是如何构成的? ···· 48
- 问题 30　"参数桥"是解决哪类问题的? ···················· 48
- 问题 31　发明原理是怎样诞生的? ···· 49
- 问题 32　如何使用发明原理? ········ 50
- 问题 33　如何发现并确定冲突? ······ 51
- 问题 34　如何把领域技术冲突转化为标准技术冲突? ············· 52
- 问题 35　有哪些标准技术冲突? ······ 52
- 问题 36　如何使用冲突矩阵? ········ 53
- 问题 37　解决物理冲突的分离原理是怎样的? ·················· 54
- 问题 38　如何使用时间分离原理? ···· 55
- 问题 39　如何使用空间分离原理? ···· 57
- 问题 40　如何使用条件分离原理? ···· 58
- 问题 41　如何使用系统分离原理? ···· 59
- 问题 42　分离原理与发明原理有联系吗? ·················· 60
- 问题 43　怎样确定问题的领域解? ···· 61

第5章 TRIZ"结构桥"导引 ········ 63
- 问题 44　"结构桥"是如何构成的? ···· 64
- 问题 45　何为物场模型? ··········· 64
- 问题 46　常用物场模型有哪些? ······ 65
- 问题 47　物场模型一般如何求解? ···· 66
- 问题 48　系统的功能模型与物场模型有何区别? ················ 68
- 问题 49　如何使用标准解系统? ······ 68

第6章 TRIZ"功能桥"导引 ········ 73

问题 50	"功能桥"可以求解什么问题?	74
问题 51	"功能桥"是如何构成的?	74
问题 52	有哪些 How to 模型?	75
问题 53	有哪些科学效应?	76

第 7 章　TRIZ 发明原理导引 … 79

问题 54	如何使用分割原理?	80
问题 55	如何使用分离原理?	80
问题 56	如何使用局部质量原理?	81
问题 57	如何使用不对称原理?	81
问题 58	如何使用组合原理?	82
问题 59	如何使用多用性原理?	82
问题 60	如何使用嵌套原理?	83
问题 61	如何使用重量补偿原理?	83
问题 62	如何使用预先反作用原理?	84
问题 63	如何使用预先作用原理?	85
问题 64	如何使用预补偿原理?	85
问题 65	如何使用等势性原理?	86
问题 66	如何使用反向原理?	86
问题 67	如何使用曲面化原理?	87
问题 68	如何使用动态化原理?	87
问题 69	如何使用未达到或过度作用原理?	88
问题 70	如何使用维数变化原理?	89
问题 71	如何使用机械振动原理?	89
问题 72	如何使用周期性作用原理?	90
问题 73	如何使用有效作用的连续性原理?	91
问题 74	如何使用紧急行动原理?	91
问题 75	如何使用变害为利原理?	92
问题 76	如何使用反馈原理?	92
问题 77	如何使用中介物原理?	93
问题 78	如何使用自服务原理?	93
问题 79	如何使用复制原理?	94
问题 80	如何使用廉价品替代原理?	94
问题 81	如何使用机械系统替代原理?	95
问题 82	如何使用气压和液压结构原理?	95
问题 83	如何使用柔性壳体或薄膜原理?	96
问题 84	如何使用多孔材料原理?	96
问题 85	如何使用改变颜色原理?	97
问题 86	如何使用同质性原理?	97
问题 87	如何使用抛弃与修复原理?	98
问题 88	如何使用参数变化原理?	99
问题 89	如何使用相变原理?	99
问题 90	如何使用热膨胀原理?	100
问题 91	如何使用加速强氧化原理?	100
问题 92	如何使用惰性环境原理?	101
问题 93	如何使用复合材料原理?	101

第 8 章　TRIZ 进阶导引 … 103

问题 94	发明问题有等级吗?	104
问题 95	如何综合应用"TRIZ 桥"?	105
问题 96	何为 ARIZ?	105
问题 97	如何使用 ARIZ?	106
问题 98	学习 TRIZ 有哪些资源可利用?	108
问题 99	TRIZ 与哪些方法可以结合应用?	110
问题 100	如何将 TRIZ 导入你的组织?	111

附录 … 113

附录 A	39 个通用工程参数	113
附录 B	76 个标准解系统	115
附录 C	30 个 How to 模型与 100 个科学效应对照表	118
附录 D	39×39 冲突矩阵	126

参考文献 … 131

第 1 章 TRIZ 基础导引

> 如果没有 TRIZ，人们在解决问题时，就不得不在其专业领域的常规与传统的变化间作漫长而艰难的选择，人们常常无法超越这些变化看问题，思维也常常沿着心理惯性（psychological inertia vector，PIV）的方向发展。
>
> ——G.S.Altshuller

创新需要方法吗？当然！"自主创新，方法先行"。创新有方法吗？"工欲善其事，必先利其器"，创新有法！有哪些方法呢？有头脑风暴法、TOC 法、QFD 法、AD 法、TRIZ 法等。哪种方法最有效？TRIZ 法！TRIZ 是目前三百多种创新设计理论与方法的佼佼者，号称世界级的创新方法。

何为 TRIZ？TRIZ 是如何起源和发展的？TRIZ 即发明问题解决理论，它起源于前苏联，发展于欧美，应用于世界五百强的众多企业，以能够有效提升人们的创新能力和快速解决各行各业的技术与管理难题而蜚声全球。

TRIZ 解决问题的模式是怎样的？TRIZ 解决创新问题就像解方程一样，采取"过桥式"迂回策略，有"定理"可依，有"公式"可套。

经典 TRIZ 包含哪些内容？经典 TRIZ 经过半个多世纪的发展，包含 40 个发明原理、76 个标准解等九大理论体系，可谓博大精深。TRIZ 体系复杂庞大，给人们学习、掌握与运用带来困难。怎么办？

本书将 TRIZ 归纳为"1141 七类工具包"、"五座 TRIZ 桥"实用体系，并抓住重点、一问一答，为您学 TRIZ、用 TRIZ 起到导航、引领的作用。何为 TRIZ1141 体系？何为"TRIZ 桥"？从本章慢慢阅读、用心体验吧！

问题 1　创新需要方法吗？

如图 1-1 所示，如果要求你把一枚钉子钉到木板上，你会怎么做？

很显然，你会想到用锤子把钉子砸进去。当然，你也可以用螺钉旋具，也可能选用射钉枪。当没有这些工具的时候，你可能"就地取材"找一块砖头或石头。如果你愿意，也可以用你的手机来砸……一般来说，你不会选择用你的手掌来"拍"钉子，除非你有"铁砂掌"的功夫。

这个简单问题给我们两点启示：

1）如果没有"工具"可以选用，像"钉钉子"这样简单的实践活动都是难以完成的。

图 1-1　钉钉子

2）采用不同的方法、选择不同的工具，完成同一实践活动的效果、效率、成本与代价常常会存在较大的差别。

众所周知，"创新"也是一种实践活动，而且是一种高级别的、复杂的实践活动。根据上面的两点启示，我们将得出以下两点结论：

1）如果没有"工具"可以选用，"创新"实践是难以完成的。

2）采用不同的方法、选择不同的工具，完成同一"创新"实践的效果、效率、成本与代价常常会存在较大的差别。

《论语·卫灵公》有云："工欲善其事，必先利其器"。

显然，创新是需要方法、需要"工具"的！

【思考与练习】如果在一个密闭空间里，只给你一块木板和一枚钉子，要求你把钉子钉到木板上，你会怎么做？

问题 2　创新有方法吗？

很多人都试图揭开创新发明的秘密。许多卓越的科学家都试图发展创造力理论。关于创新方法论的科学探索，自 1620 年培根出版《科学方法论》以来就不曾停止过。笛卡儿 1637 年出版的《方法论》，17 年后又发表了《工具论》。之后，J. Beckman 的《发明的历史》设计了创新的技术模型，Bolzano 的《科学教学》提出了优选法，莱布尼茨提出了组合法，歌德提出了形态学；20 世纪上半叶，爱迪生建立了创新实验室，贝尔开发了一种专利生产线，P. Behrens 创造了"完全综合法"，Peter Engelmejer 出版了《创造理论》，G. Wallas 提出了准备、孵化、顿悟、检验"四步法"；20 世纪中期开发的目标聚焦法（the method of foeal objects，MFO）、头脑风暴法（brainstorming，BS）、综摄法（synectics，SYN）、形态分析法（method of morphological analysis，MMA）、侧面思考法（lateral thinking，LT）、神经语言程序学（neuro-linguistic programming，NLP）等几种方法则一直流行至今。20 世纪下半叶，相继开发并广泛应用的创新理论与方法有：六西格玛（6σ）、全面质量管理（TQM）、质量功能展开（QFD）、精益生产、技术路线图、价值分析、根本原因分析（RCA）、约束理论（TOC）、田口方法、实验设计、风险评估、资源配置决策等（这些创新理论与方法均有专门的论著介绍，也可以在网上查到相关简介，这里就不赘述了）。

"但长久以来，发明的进程始终停留在原来的水平"（迈克尔 A. 奥尔洛夫，2002）。尽管人类文明在稳步地发展，但是发明家们的发明过程，仍在经历着不断尝试各种可能方向的探索，不断因失败而跌倒又一次次爬起来继续拼搏的过程，在经历长时间的迷茫与徘徊后，极少出现的意外灵感犹如在黑暗深处出现的曙光，发明家常常需要用其一生的时间进行探索。清代著名学者王国维用三段诗词组合，形象地描绘了古今之成大事业、大学问者，必经过的三种之境界："昨夜西风凋碧树，独上高楼，望尽天涯路；衣带渐宽终不悔，为伊消得人憔悴；众里寻她千百度，蓦然回首，那人却在灯火阑珊处"。这既是对成功人士的褒扬，也反映出他们一方面不得不付出艰辛劳动，一方面还要寄托于机遇的无奈。难怪人们感叹"发明是偶然顿悟的结果"，"创新能力是上帝给予少数'聪明人'的礼物"。T. Ribot 就明确驳斥了可以创造出发明方法论的可能性，他认为一个人的想象力是发明的主要来源。

有人终于突破重围、另辟蹊径。他曾经提到这样的观点：今天，就像数千年前一样，试错法是基本的思考方法。这种方法是对发明问题的非结构化猜测，这些猜测中极少产生正确的思想，绝大多数都在后来被舍弃了。他进一步提到：从众多最佳解决方法中抽取经验并转化成明确的"规则"，进而发展成具有完整"模型"的方法学作为指导实践的理论，岂不是更符合逻辑？

这个人就是前苏联伟大的科学家、发明家根里奇·阿奇舒勒（G. S. Altshuller，1926—1998）。在 20 世纪中叶，他提出了发明问题解决理论——TRIZ。他为学习如何发明、创造及实践应用提出了新的可能性。1991 年以前，TRIZ 在前苏联经历了开创奠基和发展应用两个阶段；1992 年，TRIZ 传到美国，并迅速走向世界，TRIZ 发展与应用进入到全球扩散时期。近年来，TRIZ 成为世界 500 强企业跨越创新研发瓶颈的秘密武器，使新产品开发到上市的时间缩短了 50%，开发效率提升了 60%~70%，专利数量增加了 80%~100%，并大幅提高了专利质量。

自 2007 年起，我国政府把创新方法工作作为重大科技专项开始推进。2008 年 4 月，中华人民共和国科学技术部、中华人民共和国国家发展和改革委员会、教育部、中国科学技术协会联合发文《关于加强创新方法工作的若干意见》（国科发财〔2008〕197 号），指出"大力推进技术创新方法应用，切实增强企业创新能力。针对建立以企业为主体的技术创新体系的重大需求，推进 TRIZ 等国际先进技术创新方法与中国本土需求融合；推广技术成熟度预测、技术进化模式与路线、冲突解决原理、效应及标准解等 TRIZ 中成熟方法在企业的应用。……积极推动技术创新方法的培训，特别是推动 TRIZ 中成熟方法的培训，构建创新型企业文化，培养创新工程师，增强企业创新能力"。

阿奇舒勒说："如果没有 TRIZ，人们在解决问题时，就不得不在其专业领域的常规与传统的变化间作漫长而艰难的选择，人们常常无法超越这些变化看问题，思维也常常沿着心理惯性（psychological inertia vector，PIV）的方向发展"。

幸运的是，如今我们有了 TRIZ。阿奇舒勒还说："你可以等待 100 年获得顿悟，也可以利用这些原理 15 分钟解决问题"。

问题 3 何为 TRIZ?

如前所述，TRIZ 是由前苏联科学家根里奇·阿奇舒勒（G. S. Altshuller）创立的，始于 1946 年。最初他从 20 万份专利中筛选出符合要求的 4 万份作为各种发明问题的最有效的解，然后从中抽象出了解决发明问题的基本方法，这些方法可以普遍地适用于新出现的发明问题，帮助人们获得这些发明问题的最有效的解。现在，已经对超过 250 万项出色的专利进行过研究，并大大充实了 TRIZ 的理论和方法体系，如最终理想解、技术系统进化法则、40 个发明原理、冲突矩阵、物-场分析、76 个标准解、科学效应、ARIZ 等。

TRIZ 的涵义是"发明问题解决理论"，是由俄文"теории решения изобретательских задач"，按 ISO/R9-1968E 规定，转换成拉丁文"Teoriya Resheniya Izobreatatelskikh Zadatch"的词头缩写，其英文全称是 Theory of the Solution of Inventive Problems（TSIP）。

【延伸阅读】

TRIZ 是基于知识的、面向人的解决发明问题的系统化方法学。

TRIZ 是基于知识的方法。①TRIZ 是发明问题解决启发式方法的知识，这些知识是从全世界范围内的专利中抽象出来的，TRIZ 仅采用为数不多的基于产品进化趋势的客观启发式方法；②TRIZ 大量采用自然科学及工程中的效应知识；③TRIZ 利用出现问题领域的知识，这些知识包括技术本身、相似或相反的技术或过程、环境、发展及进化。

TRIZ 是面向人的方法。即 TRIZ 中的启发式方法是面向设计者的，不是面向机器的。TRIZ 理论本身是基于将系统分解为子系统、区分有用及有害功能的实践，这些分解取决于问题及环境，本身就有随机性。计算机软件仅起支持作用，而不能完全代替设计者，需要为处理这些随机问题的设计者们提供方法与工具。

TRIZ 是系统化的方法。在 TRIZ 中，问题的分析采用了通用及详细的模型，该模型中问题的系统化知识是重要的；解决问题的过程系统化，以方便地应用已有的知识。

TRIZ 是发明问题解决理论。①为了取得创新解，需要解决设计中的冲突，但解决冲突的某些步骤是未知的；②未知的解往往可以被虚构的理想解代替；③通常理想解可通过环境或系统本身的资源获得；④通常理想解可通过已知的系统进化趋势推断。

问题 4 TRIZ 是如何起源与发展的?

1945 年，G. S. Altshuller 从军事学院毕业后在里海海军专利审查部门工作。通过对大量专利的研究，他发现专利的产生与应用效率很低，并很快认识到人们面对创新问题没有好的解决方法，是因为忽略了问题相关系统的关键特征。G. S. Altshuller 结合对已知发明方法的考察，得出如下结论：

所有的方法都基于试错、直觉或想象，即使是辉煌的发明也可能是偶然的结果。这些方法没有一种是基于对系统发展规则及该问题中存在的技术或物理冲突进行调查而产生的。

然而，G. S. Altshuller 发现在哲学与技术发展史上，存在许多有效的分析问题的实例，他竟然从马克思和恩格斯的著作中发现了许多明显的案例。他们在定义人类历史的发展阶段及其特征上发挥了重要作用，特别是在改变人们生活方式的新技术和新机器的发明与开发方面。G. S. Altshuller 发现恩格斯 1860 年所著的《步枪史》一书，从步枪的发展中列举了大量实例。比如关于枪管的长短问题书中写道，一方面枪管需要变短，以加快装载火药的速度，因为早期的枪支是把火药直接放入枪管的；另一方面枪管需要变长，以提高射击的精准度，并保持近身搏击时敌我之间的距离，从后面装载子弹的来复枪的发明，就解决了这一冲突。这些案例仅以历史的唯物辩证观点进行阐述，而方法论学者几乎没有对此进行关注。G. S. Altshuller 从事物的发展变化是由产生的矛盾引起的，联想到产品与技术的发展变化是需求的变化及其内部缺陷导致的结果，并总结出这些案例基于以下两种基本思想：

1）发明是被设计用作解决技术矛盾或冲突的。
2）技术系统中个别部件发展的不协调导致了矛盾或冲突的产生。

1956 年，G. S. Altshuller 发表了他的第一篇文章，文中讨论了发明创造力理论的发展问题并提出了以下要点：

1）问题解决方法的关键在于对系统矛盾的发现与排除。
2）问题解决方法的策略可通过分析最重要的发明专利而得到。
3）问题解决方法的策略必须得到技术系统发展规律的支持。

1961 年，G. S. Altshuller 已经从 43 类专利中分析了约 10000 项发明，并有了以下重要发现：

1）存在无数的发明任务，但任务的类型却很少。
2）存在典型的系统冲突和确认这些冲突的技术步骤。

至此，TRIZ 的核心理念已经确立，这是 TRIZ 在发展起点上就不同于其他发明方法学的最与众不同之处。了解了这一点，关于 TRIZ 的具体发展历程就不重要了，因此可以直接关注 G. S. Altshuller 最终建立的 TRIZ 体系以及后人对它的发展与应用成果。

【延伸阅读】

TRIZ 起源于前苏联，发展于美国。在 TRIZ 理论半个多世纪的发展历程中，有一位对其作出卓越贡献的人物，我们不得不提起，他就是 TRIZ 之父——根里奇·阿奇舒勒。

根里奇·阿奇舒勒（G. S. Altshuller，1926—1998），前苏联科学家、发明家、作家，发明问题解决理论（TRIZ）、技术系统进化理论（TRTS）和创造性人格开发理论（TRTL）的创始人，被尊称为 TRIZ 之父。1926 年 10 月 15 日生于前苏联北部城市塔什干（今乌兹别克斯坦首都）的一个记者家庭，于 1931 年全家移居巴库（今阿塞拜疆首都）。1944 年 2 月自愿入伍并加入前苏联卫国战争，卫国战争结束后被派往巴库继续服兵役，曾就职于波罗的海军事侦察舰队。

阿奇舒勒在 14 岁时，获得了其人生中第一个发明专利——水下呼吸器。1946 年他完成了一项比较成熟的发明，一种在没有潜水装置的情况下从固定不动的潜水艇逃生的方法，这项发明随即被定为军事机密，阿奇舒勒也因此被安排到里海海军专利部门工作。在里海海军专利部门审查专利时，阿奇舒勒开始意识到发明创造不可能仅是聪明人的才智和顿悟，在这些专利中一定存在着某种规律，发明仅是利用这些规律将遇到的技术矛盾进行解决和消除，如果发明者掌握了这种规律，发明也必定变成水到渠成的事情。于是，阿奇舒勒决定建立一种用于解决发明问题的新理论，他把这门新理论命名为发明问题解决理论（TRIZ）。

阿奇舒勒对 TRIZ 的研究可以说是倾其一生。1946 年，开始研究和识别专利，并定义了发明等级。那时候他提出了 TRIZ 技术系统发展规律的主要假设——技术系统是按照一定的客观规律来发展的，这些规律是可以被揭示的，并把它们运用到 TRIZ 的创立中。

1948 年，开始进行关于 TRIZ 理论的授课，那时已经有了揭示和克服技术矛盾的准确表达，并揭示了一些规律和方法。也使用了一些化学效应，同时也形成了知识库。

1948 年 12 月阿奇舒勒给斯大林写了一封极其危险的谏言信，两年后，由于这封信被判入狱，并发配到西伯利亚进行劳改。在监狱生活中，他不仅没有停止对 TRIZ 的研究，而且还利用此机会向共同劳动改造的不同学科的知识分子请教学习，完成了自己的"大学教育"，同时也应用 TRIZ 帮助大家解决了许多技术难题。斯大林去世后，阿奇舒勒于 1954 年被释放，返回巴库继续生活。

1956 年，阿奇舒勒和沙佩罗合写的文章《发明创造心理学》发表在《心理学问题》杂志上，这是他所发表的第一篇关于 TRIZ 理论的文章。阿奇舒勒曾用 H·阿尔托夫的笔名写了许多奇妙的科幻小说，并且在这些小说中应用了大量的 TRIZ 理论。他的第一部短篇幻想小说是"星际船长的传奇故事"。

1958 年举办了第一次关于 TRIZ 理论的学习讨论会，在这次讨论会上"最终理想解"这个概念被第一次阐述。

1959 年发表了第二篇关于 TRIZ 理论的文章《关于创新的心理学》，在该文章中第一次提到了 ARIZ。而 ARIZ 理论的完善用了将近 40 年，作者进行了多次的改版，有十多个版本。

1961 年，阿奇舒勒出版了他的第一本书《如何学会发明》，在这本书里他不同意人们对有天生发明家的看法，并批判了用试错法进行发明。

1968 年 12 月在格鲁吉亚的津塔里举行了关于发明方法的研讨会和第一期 TRIZ 教师培训班，并且这是关于 TRIZ 的第一个研讨会。

1969 年，阿奇舒勒出版了他的新作《发明大全》。在这本书中，他给读者提供了 40 个发明原理，成为第一套解决复杂问题的完整创新法则。同年，提出了专利的评价体系。

自 1970 年起，阿奇舒勒开始为中小学生教授 TRIZ 理论，还同时为"青年真理报"上的创新栏目做工作指导。在从事了 12 年的中小学 TRIZ 理论教学之后，阿奇舒勒从发明问题解决理论的角度出发写出了十万多字的分析总结，并在此基础上写了《哇，发明家这样诞生了！》一书。

1970 年在阿塞拜疆的巴库市设立了青年发明家学校，该学校在 1971 年改成了阿塞拜疆发明创新社会学院，是世界上的第一个 TRIZ 学习中心。之后，在很多的城市设立了发明创新学校、科技创新社会学院。在 20 世纪 80 年代，此类学校已超过了 500 所。

1973 年阿奇舒勒把"物-场分析"引入到了解决发明问题的实践中。

1974 年阿奇舒勒在阿塞拜疆发明创新社会学院所授的课被拍成了纪录片"发明算法"。

1975 年有了解决发明问题的标准解法。

1976 年 4 个分离原理得到了出版。

1977 年发表了物-场分析及效应知识库。

1980 年第一个 TRIZ 软件问世。

1985 年完成了整个经典 TRIZ 理论，并出版了 76 个标准解及 ARIZ-85。

1989 年前苏联 TRIZ 联合会成立，由阿奇舒勒出任首任主席。

20 世纪 90 年代初第二代 TRIZ 程序软件问世。

1993 年 TRIZ 被传到美国并开始走向世界。

1993 年，美国开始出现了关于 TRIZ 的研讨活动和软件工具的开发。自 2001 年起，TRIZ 开始被引入到美国的许多大型企业（如波音、福特、GE 和太空总署等）。

1997 年日本开始引入和推广 TRIZ 理论。

韩国三星公司自 1997 年起开始在技术研发中引入 TRIZ，在短短的几年间，使其从"技术的跟随者"变成了"行业的领跑者"。到 2003 年，三星电子的全球品牌价值增幅全球之首。到 2006 年，三星电子的整个市值突破 1000 亿美元，远远超过索尼的 410 亿美元。

1990 年 10 月到 1998 年一直定居在卡畀利阿的彼得罗扎沃茨克。阿奇舒勒 1998 年 9 月 24 日逝世于彼得罗扎沃茨克，享年 72 岁。

20 世纪初，出现了关于效应、知识库等第三代 TRIZ 软件。

1998 年，天津大学牛占文教授发表了国内首篇介绍发明问题解决理论 TRIZ 的文章，河北工业大学檀润华教授也开始并持续而系统地研究 TRIZ 理论与应用，开发出了首个具有自主知识产权的 CAI 软件；2002 年，亿维讯建立了中国公司和研发基地，推出了 CAI 软件和成套的培训体系，并在全国开始推广；山东建筑大学也于 2002 年始，在校内开设了公共选修课，并于 2004 年开始培养基于 TRIZ 创新设计方向的研究生。2007 年起，我国政府把创新方法工作作为重大科技专项开始推进。现在，我国的很多高校和企业都在应用和推广 TRIZ 理论，国家也设立了技术创新试点省份，随着人们对 TRIZ 理论的不断认识，相信不久的将来 TRIZ 理论将会在中国生根发芽！

【思考与练习】恩格斯所著的《步枪史》一书关于枪管的长短问题属于什么性质的冲突问题？来复枪解决方法体现了怎样的技巧与原理？

问题 5　经典 TRIZ 包含哪些内容？

TRIZ 包含着许多系统、科学而又富有可操作性的创造性思维方法和发明问题的分析方法与解决工具。经过半个多世纪的发展，TRIZ 形成了九大经典理论体系。

（1）技术系统进化法则　其揭示了系统发展变化的规律与模式，是 TRIZ 的理论基础，可以直接用来帮助解决新产品研发中的问题，可以预测技术和产品的未来发展，并对产品的技术成熟度进行评价，是企业进行专利布局和实施专利战略的有效工具。

（2）最终理想解（IFR）　TRIZ 理论在解决问题之初，首先抛开各种客观限制条件，通过理想化来定义问题的最终理想解（ideal final result，IFR），以明确理想解所在的方向和位置，保证在问题解决过程中沿着此目标前进并获得最终理想解，从而避免了传统创新设计方法中缺乏目标的弊端，提升了创新设计的效率。它是跨领域解决问题和进行原始创新的有效工具。

（3）40 个发明原理　TRIZ 在研究了 250 万份世界高水平专利后总结出的发明背后所隐藏的共性发明原则。每一个发明原理都可以直接用于解决各类技术与管理中的冲突问题。

（4）39 个工程参数和阿奇舒勒冲突矩阵　在对专利的研究中，阿奇舒勒发现，仅用 39 个工程参数即可表述各领域存在的形形色色的技术冲突，而这些专利都是在不同的领域上解决这些工程参数的冲突与矛盾。这些冲突彼此相对改善和恶化，它们不断地出现，又不断地被解决。他在总结出了解决这些冲突的 40 个发明原理之后，将这些冲突与发明原理组成了著名的阿奇舒勒冲突矩阵。阿奇舒勒冲突矩阵为问题解决者提供了一个可以根据系统中产生冲突的两个工程参数,从矩阵表中直接查找化解该冲突的发明原理的途径与方法,这里阿奇舒勒总结了1263对典型冲突。

(5) 物理冲突和分离原理　当技术系统的某一个工程参数具有不同属性的需求时,就出现了物理冲突,分离原理是针对物理冲突的解决而提出的。

(6) 物场模型分析　阿奇舒勒认为,每一个技术系统都可由许多功能不同的子系统所组成,所有的功能都可以由两种物质和一种场,即物场模型来表示。产品是功能的一种实现,物场模型的存在具有普遍性,因而通过物场分析解决问题是TRIZ中的一种有效的分析工具。

(7) 发明问题的标准解法　阿奇舒勒将发明问题分为标准问题与非标准问题,针对标准问题总结了76个标准解法,分成5级,各级中解法的先后顺序也反映了技术系统必然的进化过程和进化方向。利用标准解法可以将标准问题在一两步中快速进行解决,标准解法是阿奇舒勒后期进行TRIZ理论研究的最重要的课题,同时也是TRIZ高级理论的精华。

(8) 发明问题解决算法(ARIZ)　ARIZ是发明问题解决过程中应遵循的理论方法和步骤,ARIZ是基于技术系统进化法则的一套完整问题解决的程序,是针对非标准问题而提出的一套解决算法。应用ARIZ成功的关键在于,在没有理解问题的本质前,要不断地对问题进行细化,一直到确定了物理冲突。该过程及物理冲突的求解已有软件支持。

(9) 科学效应和现象知识库　解决发明问题时会经常遇到需要实现的30种功能,这些功能的实现经常要用到100个科学效应和现象。阿奇舒勒对此进行了系统的总结,实现了功能与效应的科学对接。科学效应和现象的应用,对发明问题的解决具有超乎想象的、强有力的帮助。效应知识库是TRIZ中最容易使用的一种工具。

经典TRIZ所包含内容的经典表述如图1-2和图1-3所示。

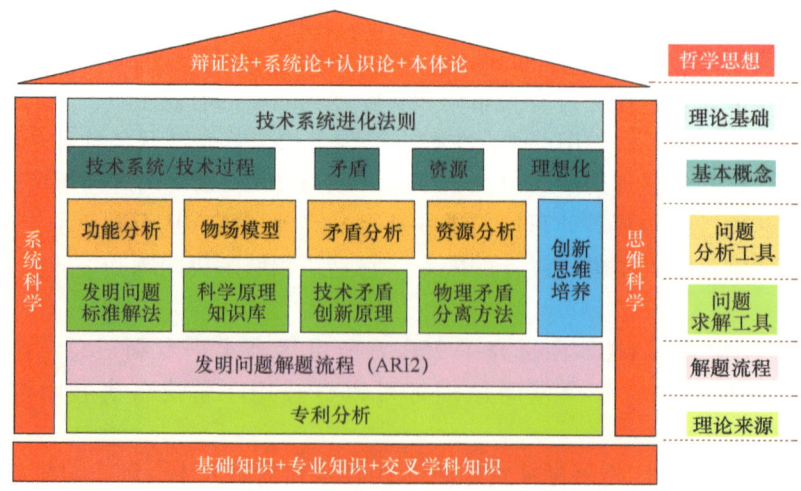

图1-2　经典TRIZ所包含内容的经典表述之一

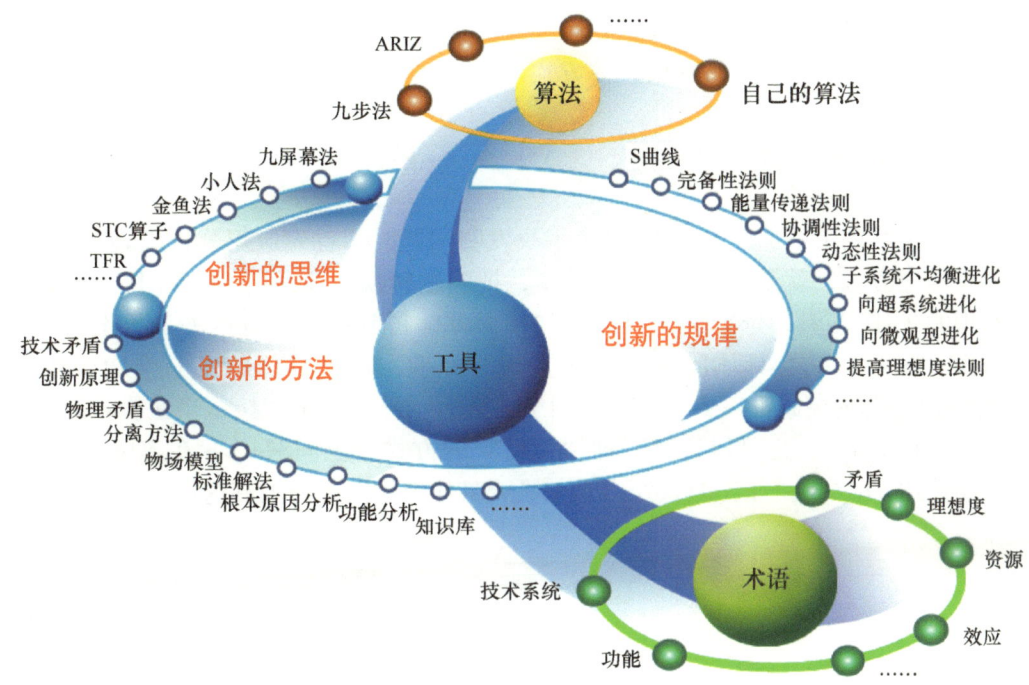

图 1-3 经典 TRIZ 所包含内容的经典表述之二

问题 6 经典 TRIZ 的体系结构是怎样的？

任何问题的解决过程都包含两部分：问题分析和问题解决。成功的创新经验表明问题分析和系统转换对于解决问题都是非常重要的。因此，TRIZ 方法论包含用于问题分析的分析工具、用于系统转换的基于知识的工具和理论基础。图 1-4 所示为经典 TRIZ 的体系结构。其中分析工具模块包含物场分析、冲突分析、需求功能分析和 ARIZ 算法，主要用于问题模型的建立、分析和转换，即用于改变问题的描述方式；基于知识的工具模块包括发明原理、

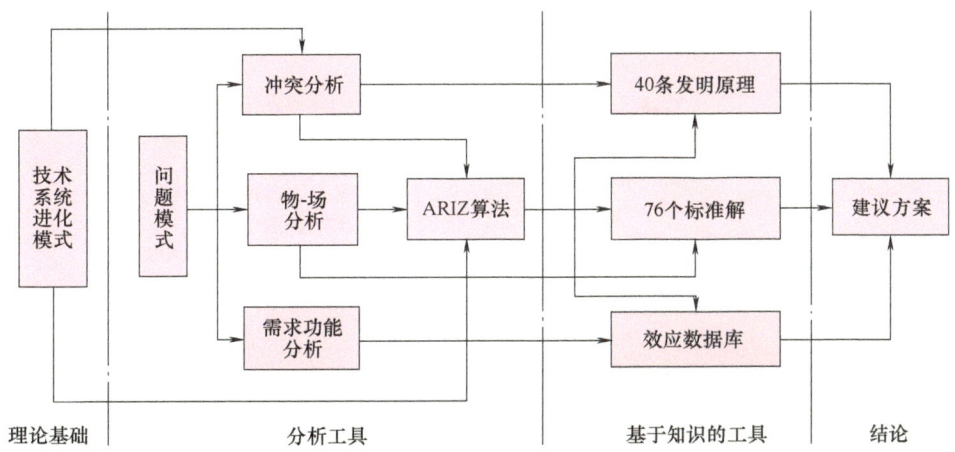

图 1-4 经典 TRIZ 的体系结构

标准解和效应库，这些工具是积累前人创新经验和基于大量专利分析而发展起来的，主要用于指出解决问题的过程中系统转换的具体方式。

问题 7　TRIZ 解决问题的模式是怎样的？

正如图 1-4 所表示的那样，应用 TRIZ 解决发明问题时，首先应用分析工具对问题进行转换、改变描述方式，就是要建立 TRIZ 模型，把问题转换为 TRIZ 的标准问题；然后，利用基于知识的 TRIZ 工具，选择确定具体的转换方式，得到解决问题的一般方案，即 TRIZ 的标准方案；最后，结合具体问题的领域知识与经验，得到具体的发明问题解决方案。TRIZ 这种解决问题的模式可以更形象地用图 1-5 来表示，相比于直接试错法，TRIZ 解题模式采用了"迂回策略"，也可以说是一种"过桥"的方式（见问题 9）。在解决一个工程问题时，可能使用 TRIZ 的一个工具甚至多个工具，具体解题流程与工具选择见问题 95。

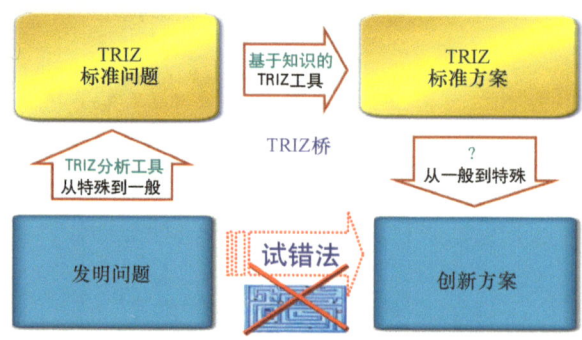

图 1-5　TRIZ 解决问题的模式

问题 8　何为 TRIZ1141 体系？

TRIZ 理论博大精深，给人们学习、应用与推广带来一定困难，山东建筑大学 TRIZ 研究所经过多年的潜心研究与实践，把 TRIZ 理论归纳总结为"1141"体系。如图 1-6 所示，一

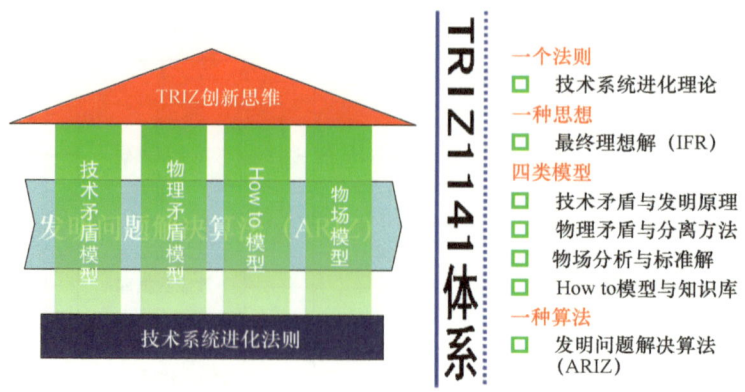

图 1-6　TRIZ1141 理论体系示意图

个法则（技术系统进化理论）指明了设计的方向和途径，一种思想（最终理想解）明确了创新设计的最终目标，四类模型提供了解决各类发明问题的具体方法与工具，一种算法（ARIZ）完善了解决复杂发明问题的步骤。"1141"体系形成了"七类TRIZ工具包"，涵盖了TRIZ的九大经典理论体系，层次分明、逻辑严密、相互关联、依次递进，便于学习、记忆、掌握与应用。

问题9 何为"TRIZ桥"？

我们可以把创新解决问题的过程比喻成"渡河"，发明问题在河的一岸，问题的解决方案在河的另一岸。传统解决问题的方法，如试错法，犹如通过游泳的方式来渡河，这显然是不可靠的。如问题7所描述的那样，应用TRIZ解题的模式是一种"过桥"的方式。但是从图1-2、图1-3所示的TRIZ的内容结构体系来看，没有体现出"过桥"方式解决问题的过程。如图1-7所示，针对不同类型的问题，选择不同的TRIZ工具，分别给出解决问题的程式化流程，犹如在"创新之河"的两岸搭建起一座座桥梁，使得创新问题的解决可以用近乎逻辑推理的方式来进行，这种桥称之为"TRIZ桥"。"TRIZ桥"共有五"座"："思维桥"、"进化桥"、"参数桥"、"结构桥"和"功能桥"，在以下章节将分别予以介绍。

"五座TRIZ桥"与TRIZ1141"七类工具包"一脉相承、互为补充，是对体系庞杂、内容深奥的TRIZ理论的高度概括、归纳与总结。

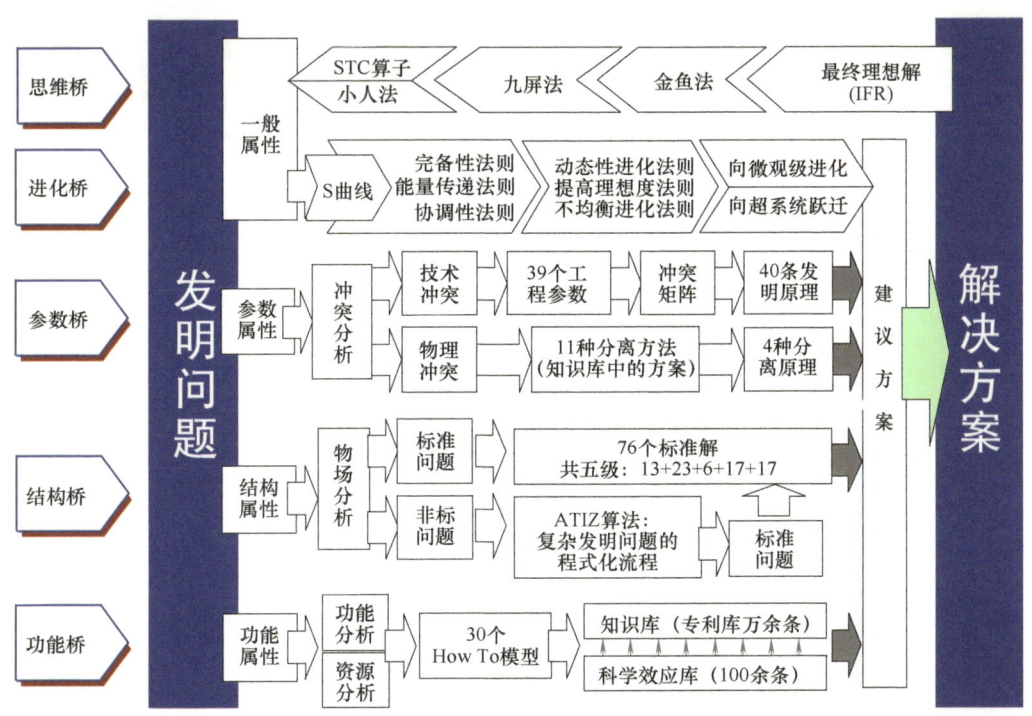

图1-7 "TRIZ"桥结构图

第 2 章　TRIZ "思维桥"导引

学者、设计师、发明家需要旺盛而丰富的幻想。
但事实上，幻想在多数情况下都灾难性地低弱。
可以想象，拘泥于定理、公式、标准，会从根本上抑制幻想的飞翔。
实际上，TRIZ 理论的全部体系是建立在活跃而又易控的幻想之上的。
TRIZ 帮助思考，但不能代替思考。

——G.S.Altshuller

问题 10 "思维桥"是如何构成的？

所谓"思维桥"，是指由 TRIZ 的五种创新思维方法组成的解决发明问题的程式化过程。如图 2-1 所示，这五种创新思维方法是：①最终理想解（IFR）；②九屏法；③STC 算子；④金鱼法；⑤小人法。五种创新思维组合应用的详细流程如图 2-2 所示。

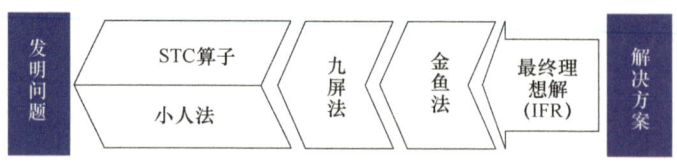

图 2-1　TRIZ 思维桥

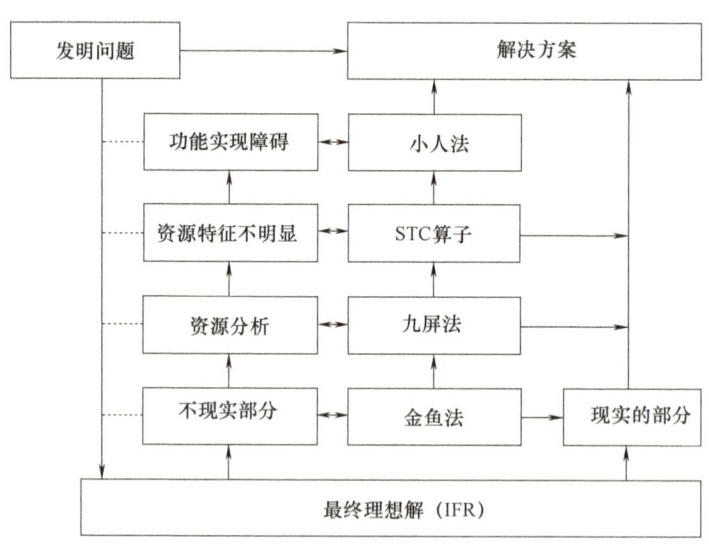

图 2-2　TRIZ"思维桥"使用流程

问题 11　如何使用 IFR？

1. 正确理解 IFR 的概念

如图 2-1、图 2-2 所示，为了避免试错法、头脑风暴法等传统创新方法中思维过于发散、创新效率低下的缺陷，TRIZ 在解决问题之初，首先抛开各种客观限制条件，设立各种理想模型（即最优模型结构）来分析问题解决的可能方向和位置，并以取得最终理想解（IFR）作为终极追求目标，从而避免了传统创新设计方法中缺乏目标的弊端，提升了创新设计的效率。因而，IFR 又被称为"创新的导航仪"。

所谓最终理想解（IFR），是使产品处于理想状态的解。产品的理想状态常常用理想度来衡量。理想度的公式为

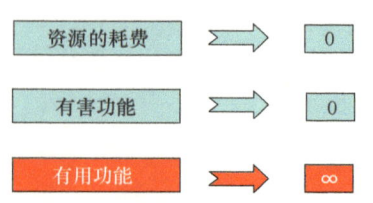

图 2-3　最理想的技术系统

$$理想度 = \frac{\sum 有用功能}{\sum 有害功能 + 成本}$$

由理想度公式分析知，最理想的技术系统如图 2-3 所示，即作为物理实体它并不存在，但却能够实现所有必要的功能。

【案例】容器报废问题的 IFR。

对样本进行耐蚀性实验时，需要把它放入盛有酸液的容器内，如图 2-4a 所示。酸液常常凝结在容器壁上，因难以清理而报废，希望有更理想的方法加以改进。

在本案例中，容器的功能是为了让样本沉浸在酸液中，使两者保持接触。根据 IFR 的思想，希望容器作为物理实体并不存在的情况下，仍然能够保持样本与酸液的接触状态，其IFR 如图 2-4b 所示。

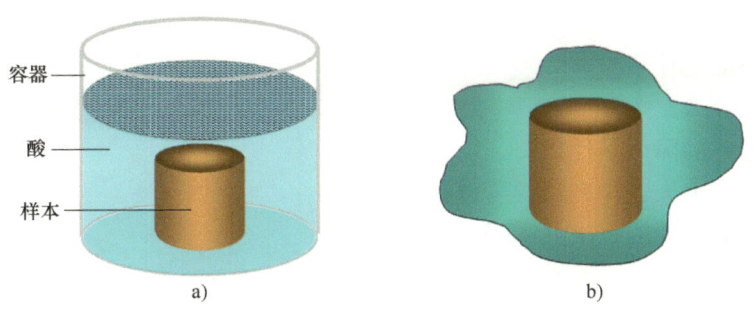

图 2-4 容器报废问题

2. 使用 IFR 的原则、技巧与步骤

最终理想解是解决问题的关键所在，很多问题的 IFR 被正确理解并描述出来，问题就得到了解决。设计者的惯性思维常常让自己限于问题当中不能自拔，解决问题大多采用折中法，结果就使问题时隐时现让设计者叫苦不迭。而 IFR 可以帮助设计者跳出思维的怪圈，以 IFR 这一新角度来重新认识定义问题，得到与传统设计完全不同的问题的根本解决思路。

IFR 使用原则：①保持原系统的优点；②消除原系统的不足；③不使系统变得更复杂；④不引入新的缺陷。

IFR 使用技巧 1：尽量利用现有的能量和资源实现有用功能，一方面能够"自我服务"来实现有用功能，另一方面又能够"自行"消除有害的、不足的或过度的作用；要善于利用"聪明"的材料或物质。

IFR 使用技巧 2：首先抛开各种客观限制条件，设定 IFR，从 IFR 反推回到现实问题，寻求解决方案。IFR 的使用技巧如图 2-5 所示，假设左边 1、2、3 是现实问题可能的解决方案，采用这三种方案达到的效果分别是右边的 A、B、C，其中 A 是理想解 IFR，三种方案中哪一种能够实现 IFR？即 1、2、3 三条路径哪一条是通往 A 的呢？

多数人可能很自然地分别从 1、2、3 出发来尝试，这就是典型的"试错法"；而从 A 出发反推回来则能够一次成功找到 1、2、3 中的最佳路径，这就是使用 IFR 的技巧。当然，这只是原则，针对具体问题还要具体思考。

图 2-5　IFR 的使用技巧

IFR 使用步骤如下：

1）设计的目的是什么？
2）理想解是什么？
3）达到理想解的障碍是什么？
4）如何使障碍消失？什么资源可以帮助你？
5）其他领域有类似的解决办法吗？

【案例】割草机（图 2-6）的改进。

割草机在工作过程中会产生很大的噪声，如何解决这个问题？

应用上面的五个步骤，分析并提出最终理想解：

第一步：设计的最终目的是什么？⇨得到平整漂亮的草坪。

第二步：IFR 是什么？⇨草坪自我实现平整漂亮。

第三步：达到 IFR 的障碍是什么？⇨草不停地生长。

图 2-6　割草机

第四步：如何使障碍消失？什么资源可以帮助你？⇨草的生长可以控制；可用的资源是草。

第五步：在其他领域有类似的解决办法吗？⇨农业领域中农作物生长高度的控制。

解决方案：培育能够控制生长高度的草种（图 2-7），草坪自我保持平整漂亮，不再需要割草机！

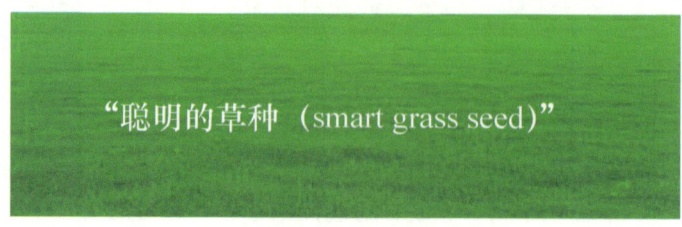

图 2-7　能够控制生长高度的新型草种

【思考与练习】重新审视一下你正在面临的难题，用 IFR 的理念与方法是否会找到新的解决方案？

问题 12 如何使用九屏法？

1. 正确理解九屏法的概念

为了实现规定功能以达到某一目标而构成的相互关联的一个集合体或装置称之为系统（system）。一个系统常常由多个子系统组成，同时它又常常隶属于一个更大的系统，即超系统。万事万物都是在发展变化的，一个系统也有它的过去与未来。一般来说，我们所要研究的问题在当前系统，但问题的解决常常需要用到子系统或超系统资源，或者需要考虑系统、子系统或超系统的过去与未来的发展变化。也就是说，如果我们从时间与空间的二维角度去思考问题，可以"打开"图 2-8 所示的九个屏幕，这种思考问题查找资源的方法形象地称之为"九屏幕法"，简称"九屏法"，也叫做"九宫格法"。

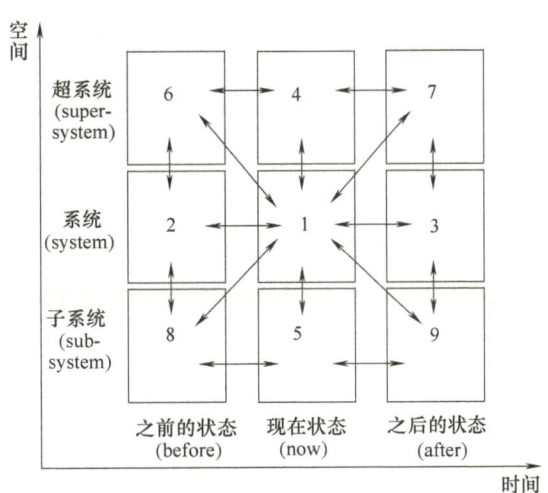

图 2-8 九屏法

【案例】汽车的九屏幕。

如图 2-9 所示，图 2-9a 表示汽车定义为当前系统，图 2-9b 所示的交通系统即为其超系统，图 2-9c、d 所示的轮胎、转向盘则为其子系统。如果汽车出了问题，比如在行驶过程中

图 2-9 汽车的当前系统、子系统和超系统
a) 当前系统—汽车 b) 超系统—交通系统 c) 子系统—轮胎 d) 子系统—转向盘

突然爆胎，要查找问题出现的原因和寻求解决的方案，可以从时间与空间的二维角度打开九宫格来思考，如图 2-10 所示。

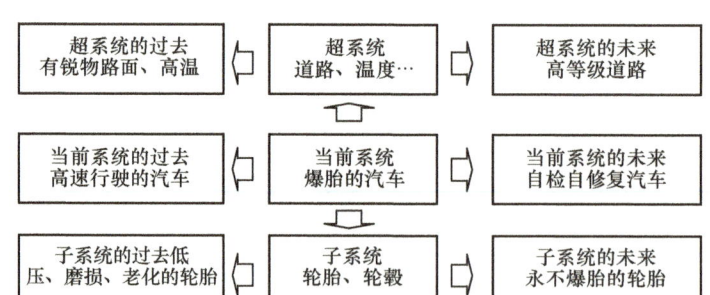

图 2-10　爆胎汽车的九屏幕

2. 九屏法的主要作用与使用步骤

九屏法的主要作用是帮助我们查找解决问题所需的资源，所以它又形象地被称之为"资源搜索仪"。常言道"巧妇难为无米之炊"，解决任何问题都需要使用资源。有些资源以显性形式存在，一般人都能发现并利用之，这类资源叫做"显性资源"。有些资源则以隐性形式存在，一般人不易发现，也就谈不上利用，这类资源叫做"隐性资源"。一个人的创新能力常常决定于他发现和利用资源的能力。利用九屏法查找资源的思路与步骤如下：

1）从系统本身出发，考虑可利用的资源。
2）考虑子系统和超系统中的资源。
3）考虑系统的过去和未来，从中寻找可利用的资源。
4）考虑子系统和超系统的过去和未来。

【案例】密封药瓶。

如图 2-11 所示，当密封一个药瓶时，把火苗对准瓶口。在火苗作用下虽然药瓶被密封了，但药瓶因过度受热，里面的药液会变质。如何解决这个问题呢？

应用九屏法进行分析，首先把密封药瓶的工艺流程、使用材料、工作环境等相关因素以"九宫格"的形式表示如图 2-12 所示。

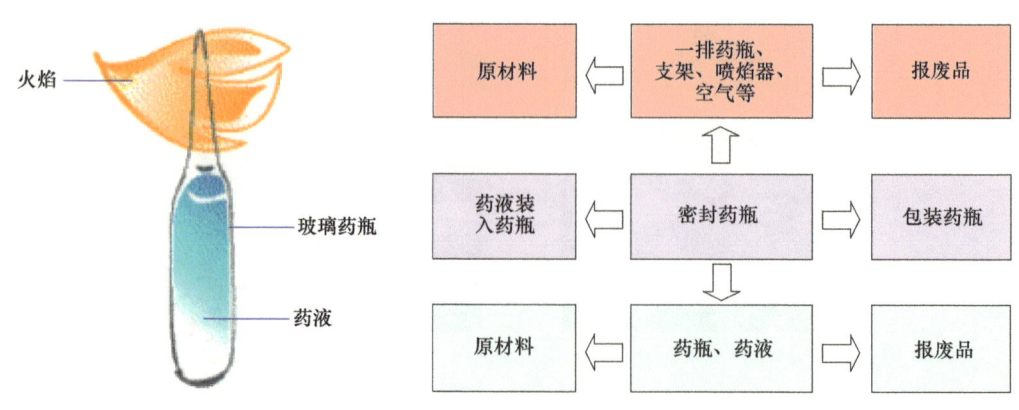

图 2-11　密封药瓶　　　　　图 2-12　九屏法分析密封药瓶

根据"九宫格"的结构体系与显示出的资源，我们就可以有序地分析各种可能的解决方案，再根据 IFR 思想确定理想解即可。

1）利用子系统资源，可能的解决方案有：

① 通过改变药瓶的材料特性使药液免于受热。

② 通过改变药品与药瓶材料之间的相互作用，防止药瓶的热传至药液。

2）利用超系统资源，可能的解决方案有：

① 通过改变药瓶在支架上的放置方式，使瓶口散失药瓶的过热。

② 通过改进支架的形状，防止药瓶过度受热。

③ 使用喷焰器的气体冷却药品。

3）从系统过去状态来考虑，可能的解决方案有：

药液装入药瓶时，预先对药液实施冷却。

4）从系统未来发展的角度，可能的解决方案有：

寻找包装药品的新方法，使药瓶的密封没有必要，或不再使用火焰高温密封。

【思考与练习】试一试，如何用四根火柴摆出一个"田"字？你能想出几种方案？关键是如何查找并利用资源，试试九屏法的作用吧。

问题 13　如何使用 STC 算子？

1. 正确理解 STC 算子的概念

系统的尺寸（Size）、作用时间（Time）和成本（Cost）在现有状态下常常不能充分表现其固有特征，加之思维定势的影响，使得人们不能发现解决问题的资源。我们可以进行一种发散思维的想象实验，即将尺寸（S）、作用时间（T）和成本（C）这三个因素按照三个方向、六个维度进行变化，也就是将这三个因素分别逐步递增和递减，递增可以到最大，递减可以到最小，直到系统中有用的特性出现。这种分析问题、查找资源的方法叫做 STC 算子法。STC 算子也被形象地称之为"特征检查仪"。它是一种让我们的大脑进行有规律的、多维度思维的发散方法，比一般的发散思维和头脑风暴，能更快地得到我们想要的结果。

【案例】树的 STC 算子。

如果把树按照尺寸（S）、生长时间（T）和成本（C）三个方向进行六个维度变化，如图 2-13 所示，树的各种特征将充分表现出来，我们可以根据要解决的问题性质，选取所需要的资源。

2. 使用 STC 算子的步骤与原则

STC 算子是将尺寸、时间和成本因素进行一系列变化的思维实验，其分析过程如下：

1）明确研究对象现有的尺寸、时间和成本。

2）想象其尺寸逐渐变大以至于无穷大（S→∞）时会怎样？

3）想象其尺寸逐渐变小以至于无穷小（S→0）时会怎样？

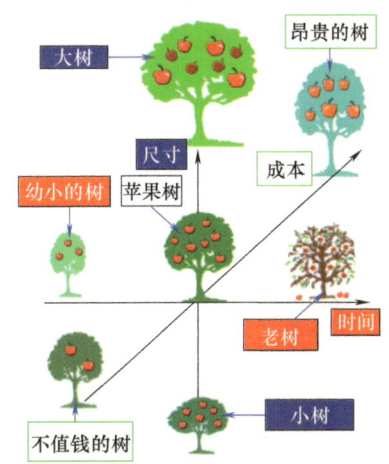

图 2-13　树的 STC 算子

4）想象其作用时间或运动速度逐渐变大以至于无穷大（T→∞）时会怎样？
5）想象其作用时间或运动速度逐渐变小以至于无穷小（T→0）时会怎样？
6）想象其成本逐渐变大以至于无穷大（C→∞）时会怎样？
7）想象其成本逐渐变小以至于无穷小（C→0）时会怎样？

使用 STC 算子要注意：
1）每个想象实验要分步递增、递减，直到进行到物体新的特性出现。
2）不可以在还没有完成所有想象实验、担心系统变得复杂时而提前终止。
3）使用成效取决于主观想象力、问题特点等情况。
4）不要在试验的过程中尝试猜测问题最终的答案。

【案例】 苹果采摘。

如图 2-14 所示，使用活梯来采摘苹果是最常见的方法，这种方法劳动量大、效率低。如何让采摘苹果变得更加方便、快捷和省力呢？

我们应用 STC 算子沿着尺寸、时间、成本三个方向来做六个维度的发散思维尝试，如图 2-15 所示。

图 2-14 采摘苹果

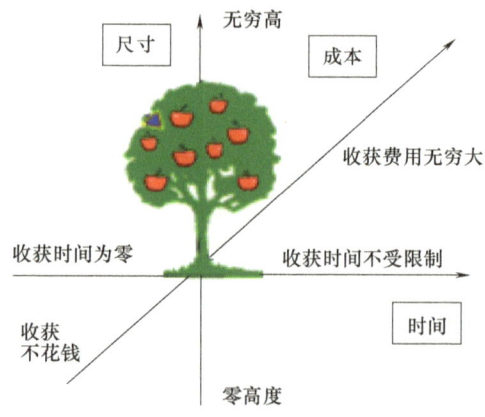

图 2-15 STC 算子分析实例-采摘苹果

可能的改进方案如下：
1）假设苹果树的尺寸趋于零高度 ⇨ 种植低矮苹果树。
2）假设苹果树的尺寸趋于无穷高 ⇨ 整形成梯子形树冠。
3）如果要求收获的时间趋于零 ⇨ 轻微爆破。
4）假设收获的时间是不受限制的 ⇨ 苹果自由掉落。
5）假设收获的成本费用要求很低 ⇨ 苹果自由掉落。
6）如果收获的成本费用不受限制 ⇨ 研制苹果采摘机器人。

【思考与练习】锚对于船只的停靠、风浪中的航行等起到安全保障作用，但对于巨型船只并不可靠，试用 STC 算子分析解决思路。

问题 14　如何使用金鱼法？

1. 正确理解金鱼法的概念

搞研究发明需要"大胆设想，科学求证"。但大胆的"设想"常常表现为一种"幻想",因不切实际而无法求证。阿奇舒勒面对这种问题是如何处理的呢?他从幻想式解决构想中区分出现实的部分和幻想的部分,然后再把幻想的部分通过附加一定条件进一步区分出现实的部分和幻想的部分。这样的划分不断地反复进行,直到确定问题的解决构想能够实现为止。如图 2-16 所示,阿奇舒勒形象地称这种方法为"金鱼法"。采用金鱼法,有助于将幻想式的解决构想转变成切实可行的构想,就是说它能帮助我们梦想成真,所以又叫做"梦幻分析仪"。

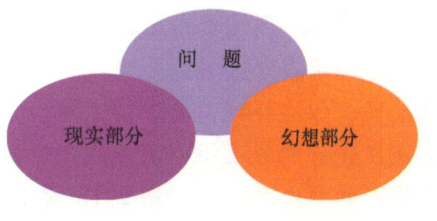

图 2-16　金鱼法

2. 使用金鱼法的步骤

金鱼法详细解题流程如图 2-17 所示。

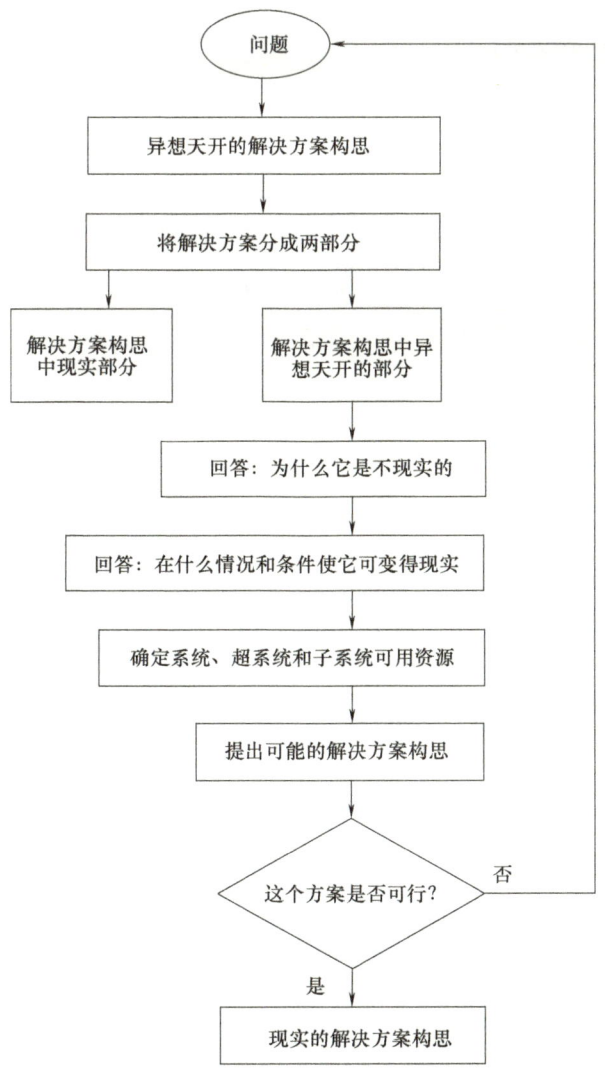

图 2-17　金鱼法详细解题流程

【案例】训练长距离游泳的游泳池。

运动员在普通游泳池进行游泳训练需要反复掉头转弯,若能单向、长距离游泳会提高训练效果,但这样就需要建造像河流一样的超大型游泳池,不仅造价高,占地面积也不允许。若能在造价低廉的小型游泳池里进行单向、长距离游泳训练就好了,这显然不切实际,属于幻想式的解决构想,如图 2-18 所示。

用金鱼法分析如下:

1)将问题分为现实和幻想两部分。

2)幻想部分为什么不能现实?

运动员在小型游泳池内很快就能游到对岸,需要改变方向。

3)在什么情况下,幻想部分可变为现实?

运动员体型较小;运动员游速极慢;运动员游泳时停留在同一位置,止步不前。

4)列出所有可利用资源,如图 2-19 所示。

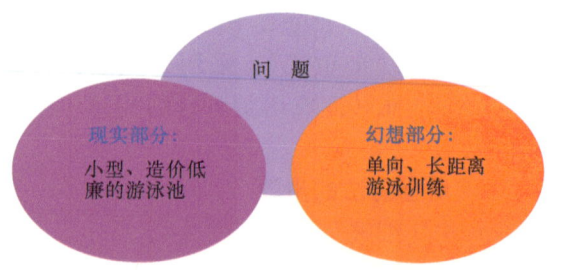

图 2-18 金鱼法-问题分解

图 2-19 系统的可用资源

5)利用已有资源,基于之前的构思(第三步)考虑可能的方案。

a)运动员游速极慢:游泳池内灌注黏性液体,从而降低游泳者游动速度,增加负荷使其不能向前游动。

b)运动员游泳时停留在同一位置:借助供水系统的水泵,在游泳池内形成反方向流动的水道,类似于跑步机,如图 2-20 所示。

c)游泳池为闭路式:即环形泳道,如图 2-21 所示。

图 2-20　逆流游泳

图 2-21　环形游泳池

【思考与练习】哈佛大学的马哈德温教授已成功展示让一个小小的"毯子"在空中飞行；圣安德鲁大学的利昂哈特教授的研究成果显示，利用拉西米尔力，原则上可以让更大的物体甚至是一个人漂浮起来，再次让"魔毯"向现实迈进一步。你能用"金鱼法"对前两个事例加以分析吗？

问题 15　如何使用小人法？

1. 正确理解小人法的概念

当系统内的某些组件不能完成其必要的功能时，我们用一组小人来代表这些不能完成特定功能的部件，然后通过能动的小人的重新排列组合（图 2-22），对结构进行重新设计，从而实现预期功能。这种分析问题、解决问题的方法，就是阿奇舒勒非常推崇的"小矮人法"，简称"小人法"。小人法能够更形象生动地描述技术系统中出现的问题，通过用小人表示系统，打破原有对技术系统的思维定势，更容易解决问题，获得理想解决方案。

图 2-22　小人法

2. 使用小人法的步骤、原则与技巧

小人法的分析过程为：

1）把对象中各个部分想象成一群一群的小人。
2）根据问题的条件对小人进行分组。
3）对小人模型进行改造、重组，使其符合所需的理想功能。
4）将小人固化成所需功能的组件，小人模型过渡至技术解决方案。

小人法的使用原则与技巧：绘制小人模型时要画足够多的小人。

【案例】水计量计。

图 2-23 所示为一简易的水流计量装置，当水量到达计量值时，重心左移（G'），左端下沉，开始排水。但是，当水刚排出一部分时，重心重新右移（G），计量计右端下沉提前复位，导致水不能完全排净。试改进设计。

应用小人法分析如下：

1）用小人描述问题，并进行分组。

系统的组成部分：水，计量水槽。

用小人表示各组成部分：用小人""表示水，用小人""表示水槽重心，如图 2-24、图 2-25 所示。

2）对小人模型进行改造，以达到所需功能。

考虑跷跷板原理，为使小人全部下去，只要小人向左移动一下位置即可，如图 2-26 所示。

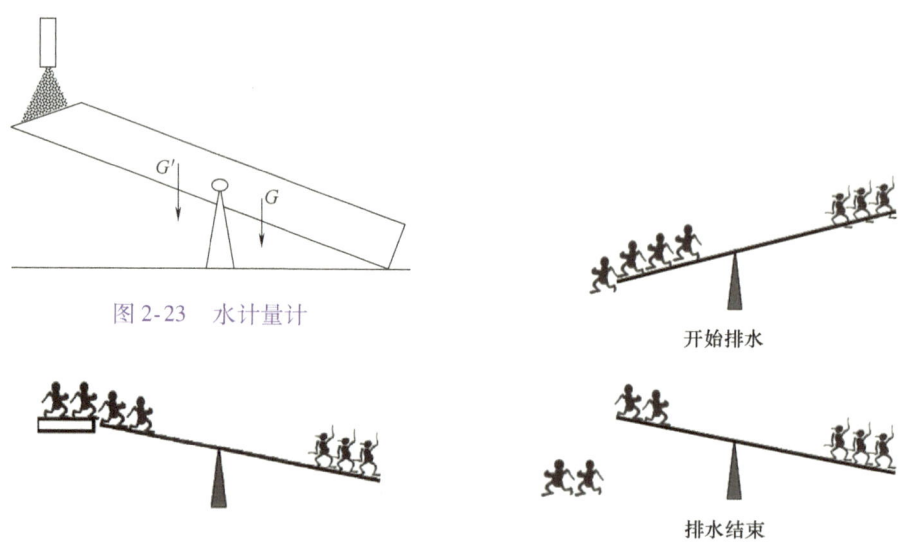

图 2-23　水计量计

图 2-24　水计量计-小人模型

图 2-25　问题描述-小人法

3）将改造后的小人模型转化至实际技术方案。

小人左右移动，表示水槽的重心可以移动，由此设计可变重心的水槽，水槽中圆球的来回滑动实现水槽重心的改变，如图 2-27 所示。

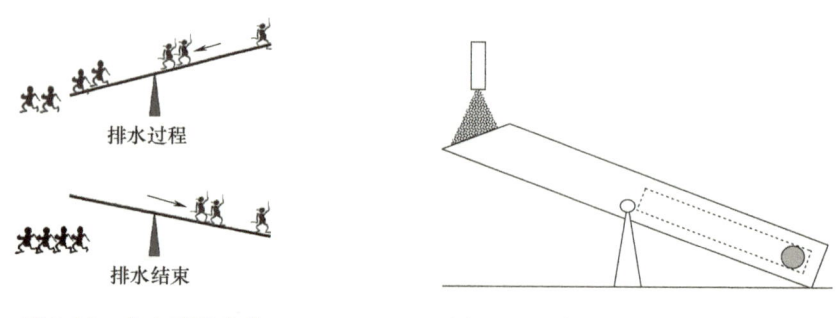

图 2-26　小人模型改造

图 2-27　改造后的水计量计示意图

【思考与练习】你了解地源热泵吗？地源热泵是利用地球表面浅层水源和土壤源中吸收的太阳能和地热能，并采用热泵原理，既可供热又可制冷的高效节能空调系统。试用小人法分析一下其创新应用的工作原理。

问题16 如何利用"思维桥"进行资源分析?

如前所述,解决任何问题都需要使用资源。一个人的创新能力常常取决于他发现和利用资源的能力。综合利用"思维桥"可以帮助你快速、有序地查找资源,并充分挖掘资源潜力。

1. 资源的类型

所谓资源,就是一切可被人类开发和利用的物质、能量和信息的总称。可以简单地分为物质资源、能量资源、信息资源、时间资源、空间资源、功能资源等类型。

物质资源——任何用于有用功能的物质,如图2-28a所示的水资源。

能量资源——系统中存在的或能产生的场或能量流,如图2-28b所示的风资源。

信息资源——系统中任何存在或能产生的信号,如图2-28c所示,人的脉搏资源可以传递健康信息。

时间资源——系统启动之前、工作之后、两个循环之间的时间,如图2-28d所示,牛在放牧时短时间内集中吃下足够量的草,回去再慢慢反刍消化,就体现出对时间资源的有效利用。

空间资源——系统的位置、次序及超系统空间,如图2-28e所示,空中立体栽培就体现出对空间资源的有效利用。

功能资源——系统或环境能够实现辅助功能的能力,如图2-28f所示,铅笔可以润滑拉链,即体现了其功能资源的有效利用。

图2-28 资源的类型

2. 资源的分析与利用

有些资源以显性形式存在,一般人都能发现并利用之,这类资源叫做"显性资源"。有些资源则以隐性形式存在，一般人不易发现，也就谈不上利用，这类资源叫做"隐性资源"。即便是"显性资源"，有的资源可以直接利用，可称其为"现成资源"；而有的资源不能直接利用，要经过一定变换才能利用，称其为"派生资源"。如何发现"隐性资源"？如何把不能直接利用的资源经过怎样的变换变成可以利用的"派生资源"？"思维桥"的各种创新思维方法可以帮助你，如图 2-2 所示。

首先，IFR 引导人们跨行业查找相关"信息资源"，从而常常得到创新问题的"超级"解决方案。

其次，IFR 的设定常常存在"幻想"成分，用"金鱼法"分析，其不现实的部分主要是缺少相关资源所致，"金鱼法"的流程可以告诉人们如何去获得这些资源。

再次，九屏法则是资源分析的最佳工具。通过系统变换，可以围绕当前系统在时间、空间两个维度上，到子系统、超系统、系统的过去与未来去发现可以利用的资源。

第四，如果已经存在或找到许多资源，但仍无法使用，试试"STC 算子"，通过 S、T、C 的物理状态变化，有些资源即可"导出"（称之为导出资源），可以利用。

最后，可尝试"小人法"，利用"小人法"可以获得新的系统组合方式，或使子系统间的相互关系发生变化，从而使系统产生新的特性或功能。这种特性或功能的差异表现出来的资源称之为"差动资源"。如物质各向异性表现出的差动物质资源，场在系统中的不均匀性表现出的差动场资源等，都可以通过"小人法"分析变换而得到。

【思考与练习】对前述五种创新思维方法中的案例与思考练习，综合应用"思维桥"进行资源分析，看看对问题的解决又有何新的思路。

第3章 TRIZ "进化桥" 导引

> 机器设备在不断发展，所以发明创造也永无止境。
> TRIZ 理论的实质在于，它从根本上改变了产生新技术、新思想的工艺。
> TRIZ 理论的提出是建立在技术系统发展规则知识之上的思维活动。
> ——G.S.Altshuller

问题17 "进化桥"是如何构成的？

所谓"进化桥"是指由TRIZ的技术系统进化法则与规律组成的解决发明问题的程式化过程，如图3-1所示。

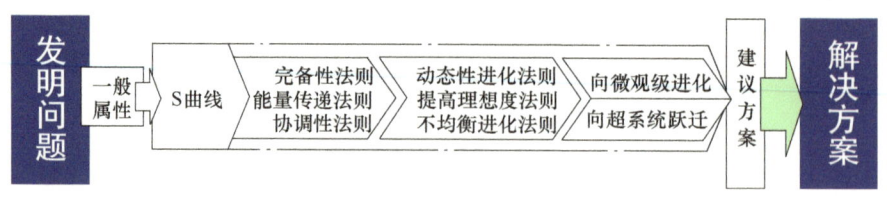

图3-1 TRIZ"进化桥"的构成

问题18 技术系统进化有哪些规律？

G. S. Altshuller通过大量专利分析发现：众多发明人作为一个整体是不可控的，每个人的工作似乎处于一种随机状态，通常也不知道其他人正在从事同样的发明创造，但从历史的观点看，一项发明最终被接受的原因是遵循了技术进化的逻辑。G. S. Altshuller发现了这种逻辑——技术系统在结构上的进化趋势，即技术进化定律与进化路线。他还发现在一个工程领域中总结出的进化定律与进化路线可以在另一个工程领域实现，即技术进化定律与进化路线具有可传递、可复制性。利用这一特点可以对技术的未来发展进行预测，从而提前进行产品概念设计，加强技术储备，提高竞争力。

关于技术系统进化的定律，G. S. Altshuller以及Fry、Rivin等人在不同时期有不同版本的描述，目前比较通用且便于理解和掌握的是S曲线和下述八大进化法则：

法则一：完备性法则。一个完整的技术系统必须包含四个部分：动力装置、传输装置、执行装置、控制装置（见问题19）。

法则二：能量传递法则。技术系统要实现其功能的必要条件：能量能够从能量源流向技术系统的所有元件（见问题20）。

法则三：协调性法则。技术系统的进化，沿着整个系统的各个子系统互相更协调、与超系统更协调的方向发展（见问题21）。

法则四：提高理想度法则。技术系统是沿着提高其理想度，向最理想系统的方向进化发展的（见问题22）。

法则五：动态性进化法则。技术系统的进化应该沿着结构柔性、可移动性、可控性增加的方向发展，以适应环境状况或执行方式的变化（见问题23）。

法则六：子系统不均衡进化法则。任何技术系统所包含的各个子系统都不是同步、均衡进化的；这种不均衡的进化经常会导致子系统之间的矛盾出现，解决矛盾将使整个系统得到突破性的进化；整个系统的进化速度取决于系统发展最慢的子系统（见问题24）。

法则七：向微观级进化法则。技术系统沿着减小其元件尺寸的方向进化（见问题25）。

法则八：向超系统跃迁法则。技术系统的进化是沿着单系统—双系统—多系统的发展方向发展的；技术系统进化到极限时，实现某项功能的子系统会从系统中剥离，转移至超系统，作为超系统的一部分（见问题26）。

问题19　如何使用完备性法则？

1. 正确理解完备性法则

任何系统都是为实现功能而建立，履行功能是系统存在的目的。为了实现某项功能，系统必须具备最基本的要素，完备性法则对这些要素进行了界定，即一个完备的技术系统必须包括动力装置、传输装置、执行装置和控制装置四个部分，缺一不可，如图3-2所示。

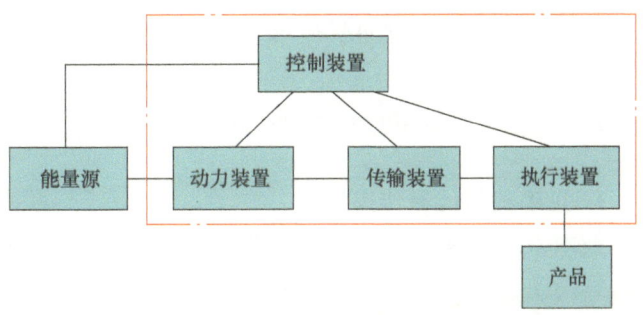

图3-2　技术系统的最低配置

- 动力装置——将能量源的能量转化为系统所需的能量。
- 传输装置——将能量或场传输到系统的各个"角落"。
- 执行装置——对系统作用对象产品实施功能，常被称为"工具"。
- 控制装置——控制系统中的各个部分如何协调，以实现功能。

【案例】帆船运输系统（图3-3）。

帆船运输系统可以利用风能在水上运输货物，其工作原理是：风对帆船施加压力；帆通过桅杆对船体施加作用力；由于作用力的结果，船体在水面上运动；帆船因此向前航行，在这个过程中，水手控制帆船的方向。

图3-3　帆船运输系统

根据帆船的工作原理可以判断出，在这一系统中：

- 能量源——风能。
- 动力装置——帆。
- 传输装置——桅杆。
- 执行装置——船体。
- 控制装置——水手。
- 产品——货物。

帆船的工作系统如图3-4所示。

可见，四个相互关联的基本子系统即帆、桅杆、船体和水手缺一不可，否则帆船运输系统将无法正常运行。

2. 重要提示

1）系统中四个要素缺少任何一个部

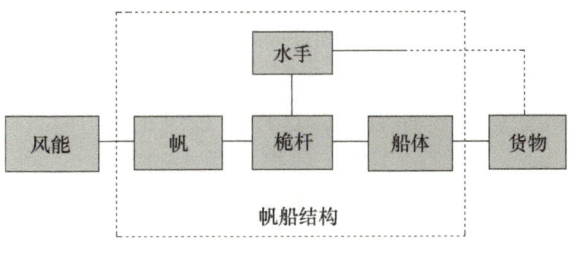

图3-4　帆船的工作系统

分，或者任何一个部分还不完备，那就是系统进化的方向，就是产品需要改进的地方。

2）新的技术系统经常没有足够的能力去独立地实现主要功能，所以依赖超系统提供的资源，也常常依赖人的参与；但系统会不断自我完善，减少人的参与，以提高技术系统的效率。

3）技术系统完备性法则有助于设计者判断现有技术系统是否完整，推动系统由不完备向完备发展。

【思考与练习】分析帆船进一步进化的方向，对新型帆船的改进设计提出建议。

问题 20　如何使用能量传递法则？

1. 正确理解能量传递法则

技术系统实现其基本功能的必要条件之一是：能量能够从能量源流向技术系统的所有元件，如图 3-5 所示。

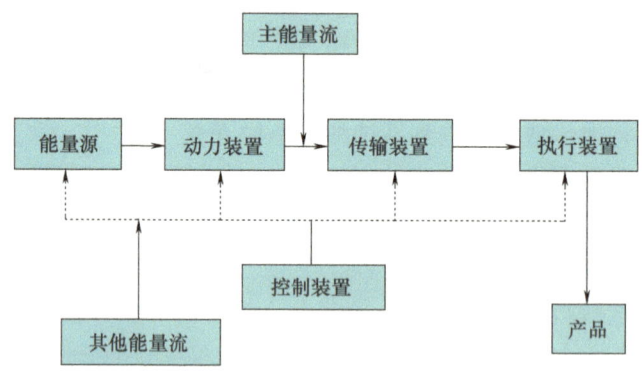

图 3-5　技术系统中的能量流

如果某个元件接收不到能量，它就不能产生效用，就会影响到整个技术系统功能的有效执行。另外，技术系统的进化应该沿着使能量流动路径缩短的方向发展，以减少能量损失。

【案例】多米诺骨牌。

将骨牌按一定间距排列成行，轻轻碰倒第一枚骨牌，其余的骨牌就会产生连锁反应，依次倒下。如果某个元件（骨牌）接收不到能量，就不能发挥作用，这会影响到技术系统的整体功能。

2. 重要提示

在设计和改进系统的时候，首先要确保能量可以流向系统的各个元件，然后通过各种方法，提高能量的传递效率，这样使系统的各个元件都能为技术系统的正常工作提供最大的效率。

图 3-6　多米诺骨牌

提高能量的传递效率可通过以下三种方式：

1）缩短能量传递路径，减少传递过程中的损失。

2）减少能量形式的转换，最好用一种能量形式贯穿系统的整个工作过程，从而减少能量在转换过程中的损失。

3）用可控性好的能量形式代替可控性差的能量形式。

【案例】由能量形式的转换看火车的发展（图3-7）。

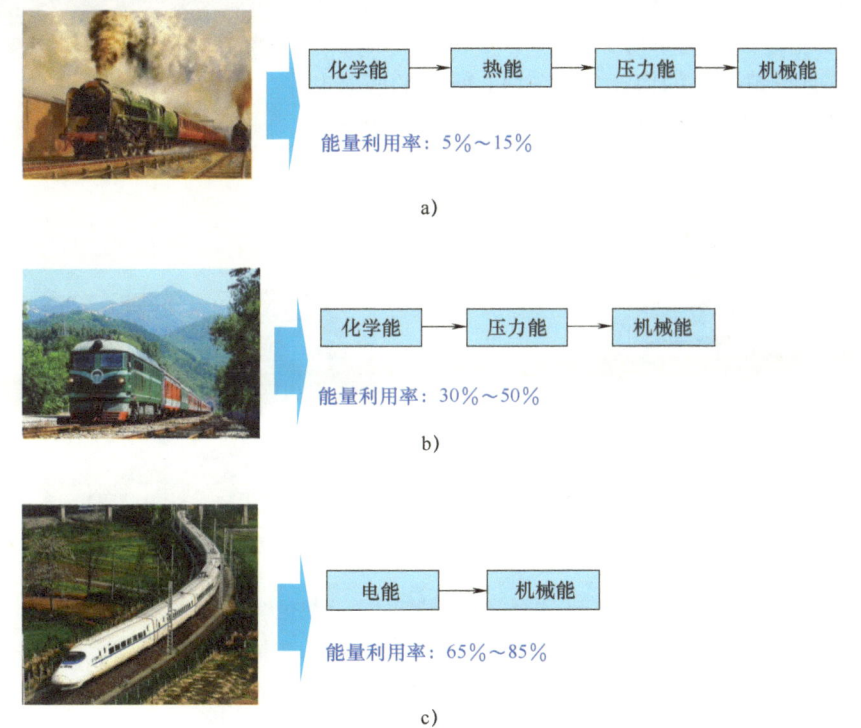

图3-7 火车的发展中能量形式的转换
a）蒸汽机车 b）内燃机车 c）电力机车

由此可见，系统能量传递中，应尽量减少能量形式的转换，从而可显著地提高能量的利用率。

【思考与练习】根据能量传递法则分析汽车的发展，并对其未来发展进行预测。

问题21　如何使用协调性进化法则？

1. 正确理解协调性进化法则

为了实现所需的功能，技术系统的各子系统、各参数之间以及系统参数与超系统各参数之间要相互协调，这是系统生存的基本条件。

【案例】F1赛车，如图3-8所示。

F1赛车的发动机在后面，后轮是主驱动轮，因此后轮大而宽，从而产生强大的抓地力保证动力输出。前轮的作用是控制方向，因此相对来说要窄一点，保证转向灵敏。

2. 重要提示

在对系统改进的过程中，为保证各子系统充分发挥其功能，应使各参数之间有目的地相互协调或反协调，实现动态的调整和配合。协调性进化法则主要表现在三个方面：

1）形状与结构上的协调。图3-9所示的车子是对称的，而左右车轮结构上不协调。

2）各性能参数的协调。图3-10所示车辆载重与分布以及动力匹配性能参数之间不协调。

3）工作节奏与频率上的协调。图3-11所示的收音机通过调频收听某电台广播节目，必须在频率上协调才能实现。

图3-8　F1赛车

图3-9　结构不协调　　　　图3-10　性能参数之间不协调

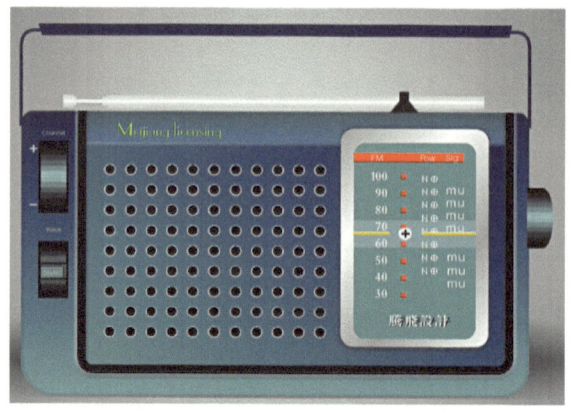

图3-11　工作频率的协调——收音机

【思考与练习】选择你熟悉的汽车等产品，应用协调性进化法则，分别就整车和各部件的发展进行分析。

问题22　如何使用提高理想度法则？

1. 正确理解提高理想度法则

每一种系统完成的功能在产生有用效应的同时都会不可避免地产生有害效应。如前所述，理想度是指系统所有有用效应与有害效应的比值，从公式（见问题11）可以看出，理想度与系统的有用效应成正比，与有害效应成反比，当分子增加，分母减小时，系统的理想度提高,直到完全达到理想状态。

完全理想的系统是并不存在的,在设计中,应以最终理想解(IFR)为指导,尽可能提高系统的理想度。

【案例】计算机的进化(图 3-12)。

1946 年在美国费城诞生了世界上第一台计算机,占地 170m², 重达 30t,需要占用一个大房间,而且耗电巨大。据说每次一开机,整个费城西区的电灯都为之黯然失色,而其功能却仅仅是进行计算。之后,计算机的发展经历了真空管、晶体管、集成电路、大规模集成电路和超大规模集成电路的发展阶段。体积和质量越来越小,而功能却越来越强大,理想化程度不断提高。目前的便携式计算机,质量及体积都很小,且具有文字处理、数学计算、通信、绘图和播放多媒体等功能。以后,随着进一步的深入研究,计算机的功能将更加强大,更加智能化,而其体积也将更加微型化,更小更轻便。

a)　　　　　　　　b)　　　　　　　　c)　　　　　　　　d)

图 3-12　计算机的进化

a)电子管　b)晶体管　c)中小规模集成电路　d)大规模、超大规模集成电路

2. 重要提示

提高理想度是 TRIZ 中非常重要的概念,提高理想度法则是技术系统进化的基本法则,它为创造性问题解决理论指明了努力的方向。也就是说,提高理想度法则代表所有进化法则的最终方向。

提高理想度可以按以下进化路线考虑:

1)简化子系统。
2)简化操作。
3)简化组件。
4)提高系统的有益参数。
5)降低系统的有害参数。
6)提高有益参数的同时降低有害参数。

【案例】冰箱、硬盘、MP3。

早期冰箱的制冷剂为氟利昂,后来发现它对臭氧层有严重的破坏作用,所以现代冰箱均采用无氟制冷剂。

计算机硬盘在几十年里其大小变化不大,但容量不断地扩大。

相比盒式录音机,MP3 播放器的体积和能耗更小,但功能更多,而且可以存储更多的音频资料。

【思考与练习】上述冰箱、硬盘、MP3 的进化分别遵循了哪条进化路线?

问题 23　如何使用动态性进化法则？

1. 正确理解动态性进化法则

技术系统在诞生初期通常是静态的、不灵活的、不变的，在进化过程中，其动态性和可控性会提高，以适应不断变化的环境和满足多重需求。该法则主要包括三个子法则。

1）提高柔性子法则。现代技术系统由刚性结构向更具适应性及灵活性的柔性结构发展，即从刚性体，逐步进化到单铰链、多铰链、柔性体、液体/气体，最终进化到场的状态，如图3-13所示。

图 3-13　提高技术系统柔性的进化过程

【案例】切割工具的进化（图3-14）。

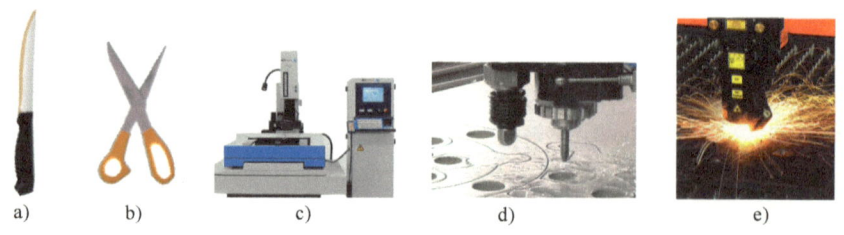

图 3-14　切割工具的进化
a）刀　b）剪刀　c）线切割　d）水切割　e）激光切割

2）提高可移动性子法则。提高可移动性子法则指出，技术系统的进化应该沿着系统整体可移动性增强的方向发展，如图3-15所示。

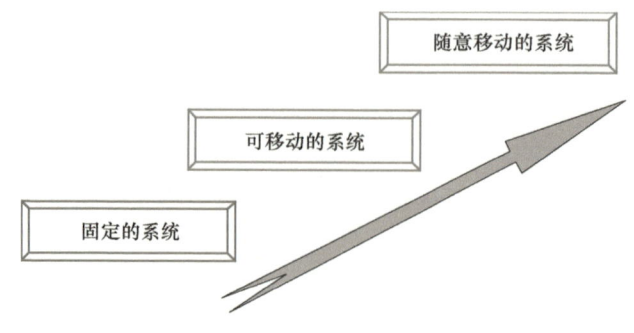

图 3-15　提高可移动性子法则

【案例】清扫工具的进化（图3-16）。

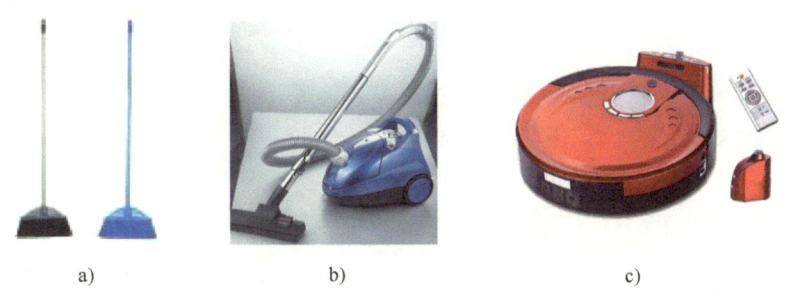

图3-16　清扫工具的进化
a) 扫帚　b) 吸尘器　c) 智能吸尘器

3) 提高可控性子法则。提高可控性子法则指出，技术系统的进化，应该沿着增加系统内各部件可控性的方向发展，如图3-17所示。

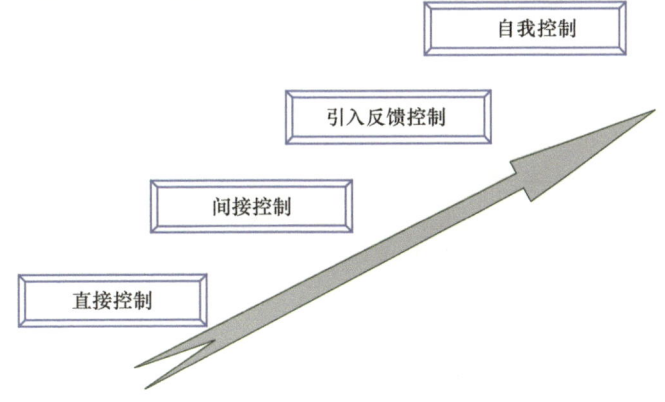

图3-17　提高可控性子法则

【案例】路灯的控制（图3-18）。

直接控制——每个路灯都有开关，有专人负责定时分别开闭。
间接控制——用总电闸控制整条线路的路灯。
引入反馈控制——通过感应光亮度的装置，控制路灯的开闭。
自我控制——通过感应光亮度的装置，根据环境明暗自动开闭并调节亮度。

图3-18　路灯的控制

2. 重要提示

在对产品进行改进设计的过程中，要提高系统的动态性，即使其以更大的柔性、可移动性和可控性来获得功能的实现。

【思考与练习】动态性进化法则应用比较普遍，我们身边的许多用品，如牙刷、座椅、电话等，都存在相关进化特性，多留意观察，分析体验一下吧。

问题 24　如何使用子系统不均衡进化法则？

1. 正确理解子系统不均衡进化法则

通常，一个系统由若干子系统组成，它的每个子系统具有不同的生命周期，都是沿着自身的 S 曲线（见问题 27）进化。绝大多数技术系统中，系统的各部分没有均衡的发展，如图 3-19 所示。

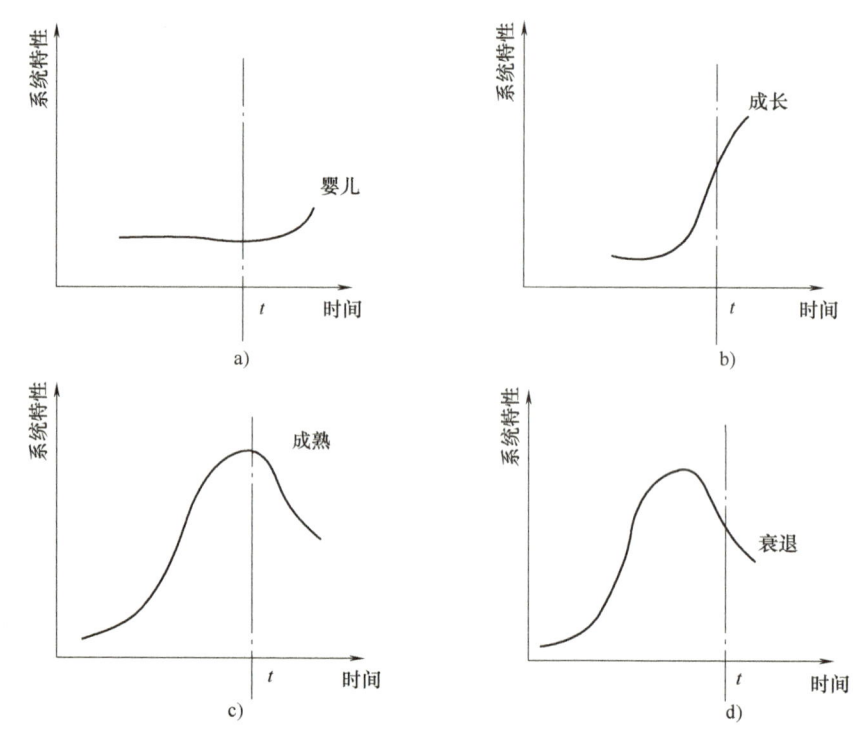

图 3-19　子系统的不均衡进化
a）子系统 1　b）子系统 2　c）子系统 3　d）子系统 4

首先达到自然极限的子系统就抑制了整个系统的发展，成为设计中最薄弱的环节。整个系统伴随着薄弱环节的解决而演化。

2. 重要提示

1）任何技术系统所包含的各个子系统都不是同步、均衡进化的。
2）这种不均衡的进化经常会导致子系统之间的矛盾出现，解决矛盾将使整个系统得到突破性的进化。
3）整个系统的进化速度取决于系统中发展最慢的子系统。

4）改进进化最慢的子系统，就能提高整个系统的性能。

【案例】飞机机翼和发动机的不均衡进化（图3-20）。

飞机的主要特性之一是它的飞行速度。在飞机发展的最早阶段，发动机功率很小。要使飞机能够飞起来，机翼面积必须很大。增加机翼的数量可以做到这一点，有双翼机、三翼机等。

在第一次世界大战期间，飞机发动机功率得到显著增长，飞机的飞行速度达到200km/h。由于双翼飞机的阻力大，机翼设计限制了速度的进一步提高。这也造成了过大的燃油消耗，并因此妨碍了发动机的发展。

改进机翼设计和使用强度更高的材料使得升迁到单翼飞机设计。单翼飞机设计减小了阻力，并使发动机功率进一步增加。第二次世界大战结束时，飞机的飞行速度达到700～750km/h的极限。此时，往复式飞机发动机已经竭尽其进化资源。于是转向功率更加强大的喷气式发动机。对于相同的机翼设计，喷气式发动机使飞机的飞行速度达到声速。

若要超过声速，则需要从平直机翼转变到气动特性得到改进的后掠机翼。三角机翼又取代了后掠机翼，使得飞行速度达到声速的2～3倍。

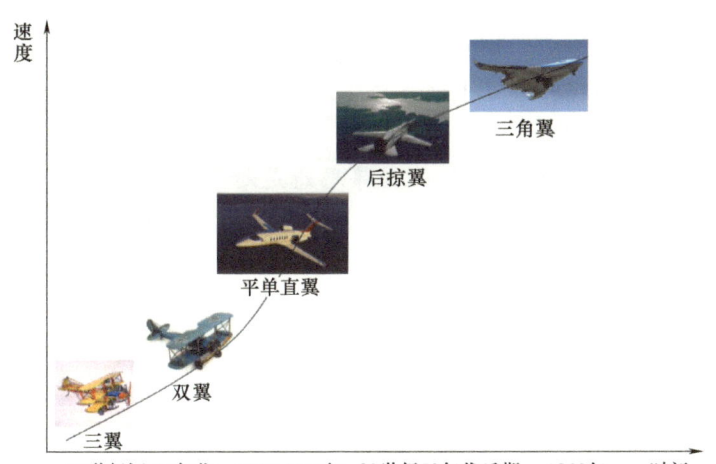

图3-20 飞机机翼和发动机的不均衡进化

【延伸阅读】

不断"进化"的飞机"翅膀"[一]

你可曾仔细观察过鸟类的翅膀？观察过，你就会慨叹天工造物的神奇。你可曾努力研究过飞机的机翼？研究过，你就会钦佩人类的智慧。机翼之于飞机，正如翅膀之于飞鸟。因此，人们都把机翼称为飞机的"翅膀"。它的形状直接关系到飞机的性能，与飞机的发展紧密相连。从1903年第一架飞机诞生至今，还不到100年的时间，但飞机的"翅膀"已随着

[一] 原载《中国国防报》2001年8月14日，作者乐俊淮、赵淑芬。

气动理论的完善、制造工艺的提高以及新材料的应用而几经"进化"。

① 平直翼：曾经一统天下。

早期的飞机机翼都是平直的。最初是矩形机翼，很容易制作。但由于其翼端宽，会给飞机带来阻力，严重地影响了飞机的飞行速度。为此，人们曾设计了一种椭圆形机翼。这种新机翼的翼端虽然窄了，但其制作工艺却十分复杂，很难制作。后来，人们又设计出了梯形机翼。梯形机翼兼具矩形和椭圆形机翼之长，制作也比较方便，尽管仍有一个小小的翼尖，但阻力还不算大。因此，20 世纪 30 年代至 40 年代末，梯形平直机翼几乎一统天下。第二次世界大战中使用的飞机如美国的 P-51、前苏联的杜-2、日本的零式战斗机等都是梯形平直机翼。

② 后掠翼：一举突破"音障"。

1939 年 8 月，德国率先将涡轮喷气发动机装上了飞机；1941 年 5 月，英国也进行了喷气式飞机试飞；1942 年 10 月，美国喷气式飞机飞行成功。飞机开始进入喷气式时代，其飞行速度迅速提高，很快接近声速。但这时先后发生了两起飞机空中解体的惨剧。原来飞机接近声速时，机翼上出现"激波"，使机翼表面的空气压力发生变化。同时，飞机的阻力骤然剧增，比低速飞行时大十几倍甚至几十倍。这就是所谓的"音障"。为了突破"音障"，许多国家都在研制新型机翼。德国人发现，把机翼做成向后掠的形式，像燕子的翅膀一样，可以延迟"激波"的产生，缓和飞机接近声速时的不稳定现象。1948 年，美国首先把后掠机翼应用在 F-86 战斗机上。前苏联在 20 世纪 40 年代末期，也研制出带后掠机翼的歼击机米格-15。进入 20 世纪 50 年代，世界上超声速飞机的翅膀几乎全都是后掠机翼的。

③ 三角翼：结实耐用美观。

20 世纪五六十年代，人们设计飞机的指导思想是越高越快就越好。为了达此目的，机翼的后掠角越来越大。而为了保证飞机的安全，又要加重钢梁，加厚蒙皮。但飞机质量增加了，又直接影响飞机的速度和高度。怎么办？人们把后掠机翼的前缘和平直机翼的后缘结合起来，设计制作出了三角机翼。从俯视角度看，三角机翼飞机的两只机翼连接起来是一个等腰三角形，刚度明显增强。1963 年 8 月试飞的美国 SR-71 飞机就是三角机翼，其大部分用钛合金制成，最大飞行速度相当于声速的 3.5 倍，飞行高度可达 2.4 万米。法国"幻影"系列飞机也采用了三角机翼。20 世纪 60 年代三角机翼又风靡一时。

④ 变后掠翼：快慢均能兼顾。

飞机机翼采取向后掠的形式后，又出现了新问题。向后掠的机翼比不向后掠的平直机翼，在同样的条件下产生的升力小，这对飞机的起飞、着陆和巡航都带来了不利的影响。能否设计一种可以根据飞行速度大小来改变后掠角、具有快慢兼顾特点的机翼呢？20 世纪 60 年代初，美国开始研制世界上第一种变后掠翼飞机 F-111。这种飞机在起飞、着陆和低速飞行时，其两翼尽量伸直，后掠角只有 16°，从而具备了平直机翼升力大的特点；而在高速飞行时，它的两翼又尽量后掠，后掠角可达 72.5°，变得像三角机翼一样，因此能够轻易突破"音障"。其后苏联也相继推出了变后掠翼飞机米格-23、苏-20 和苏-24 等。

⑤ 边条翼：方便轻巧灵活。

要想改变机翼的后掠角，其实是很难的。然而，随着气动力学的发展，人们发现边条机翼可以为其后方的基本机翼提供升力。所谓边条机翼就是在基本机翼根部前缘加装一条后掠角大于 70° 的边条。边条机翼既具有变后掠翼高低速兼优的性能，又具有质量轻、构造简单的特点。因此今天许多新式飞机都采用了边条机翼。边条机翼的应用使许多重型战斗机的起飞、着陆性能大幅度提高。如苏-27的起飞滑跑距离仅400m，着陆滑跑距离也只有550m，对机场的依赖明显减小，甚至可以在土跑道上起降。1972年设计、1974年2月试飞的F-16也采用了边条机翼。

⑥ 飞翼：与机身浑然一体。

人们在发现边条机翼优越性的同时，也认识到了翼身融合的优点。机翼和机身融合为一体，可大幅度地降低阻力，提高整机的升力，减轻结构质量。飞机还可由此得到更大的机内空间，使其载油量增加，从而具有更长的航时和航程。1978年秘密研制、1989年7月首飞的美国B-2战斗机一经亮相便以其独特的外形引起了世人的注意。它在海湾战争和科索沃战争中战绩不凡，备受军界的青睐，因为呈飞翼外形的B-2战斗机不仅有着良好的安定性和操纵性，隐形性能也非同寻常。

⑦ 前掠翼：惊世骇俗不一般。

1997年9月25日，俄罗斯试飞了一架形状怪异的隐形战斗机——S-37，其最大特点是机翼前掠。俄罗斯飞行员戏称，这是设计人员喝多了伏特加，把机翼装反了。其实早在1981年1月美国就开始前掠机翼验证机X-29的设计。1984年12月X-29试飞。结果表明前掠机翼具有后掠机翼的所有优点。但由于这种机翼对飞机的结构强度、刚度要求很高，因此X-29并未批量生产。俄罗斯后来居上，把前掠机翼与翼身融合体巧妙结合，有效地改善了飞机的机动性，减小了飞机雷达反射面积，使其隐形性能有较大幅度提高。目前，俄罗斯的S-37与美国的F-22一同被列入世界最先进战斗机的行列。

飞机机翼的发展历程是一部不断创新、不断进步的历史。在历史进程中，有的机翼种类被淘汰了，如变后掠机翼因结构复杂、质量增大，20世纪90年代新研制的飞机几乎都不采用这种机翼了；更多的机翼种类则互相融合，取长补短，变幻出更多的形式。近100年来，飞机翅膀的变化展现了人类无尽的创造力。在新的世纪，随着科学技术的飞速发展，一定还会出现许多现在还无法想象的新式飞机和新型机翼。

【思考与练习】根据延伸阅读的文章，详细地分析飞机机翼的变化遵循了什么进化规律与路线？文章结尾说到"随着科学技术的飞速发展，一定还会出现许多现在还无法想象的新式飞机和新型机翼"，你对照进化法则能想象新型机翼的出现吗？

问题 25　如何使用向微观级进化法则？

技术系统及其子系统在进化发展过程中，向着减少它们尺寸的方向进化，倾向于达到原子核基本粒子的尺度。进化的终点是技术系统的元件作为实体已经不存在，而是通过场来实现其必要的功能，即达到其最终理想解（IFR）。

【案例】切割工具的进化（图3-21）。

在19世纪和20世纪初期，平面加工就采用切削。刨床的刨刀作直线运动，将材料刨下一层。更高的生产率需求使得必须增加切削层的厚度。要增加切削层厚度，就需要增加切削力。较强的切削力会损坏切削刀具。加大切削刀具的尺寸可以在一定程度上提高刀具强度。因此，初期的刨刀的尺寸都比较大。

然而，刀具的强度对切削力造成限制。强切削力能够将任何尺寸的刀具折断。为改进单齿刀具曾进行了一切可能的努力。该技术系统已经达到了其物理功能的极限。

该技术系统随后的发展阶段关系到分化和向微观级升迁。

一个大刀齿被分成几个小齿。几个小齿依次对材料进行切削。

增加齿数可以减少每一个齿切除的材料量。多齿刀具可以切除一厚层材料。铣刀就属于这种类型的刀具。

强切削力使刀具和被加工材料变形。刀具和材料变形降低了加工质量。

加工质量要求越高，切削力应越小。减小切削力需要进一步减小刀齿的尺寸。若要使刀齿的尺寸从几个毫米减小到十分之一毫米，这意味着要使用磨料。磨料是具有高硬度磨粒的粉料。砂轮的砂粒是通过一种特殊材料（称为黏合剂）而彼此刚性地黏合在一起的。

砂轮磨粒之间的刚性黏合能够保持砂轮的形状，提供精确的砂轮尺寸。同时，砂轮磨粒之间的刚性黏合也造成强切削力。强切削力在被加工表面上造成划痕。加工质量要求越高，磨粒之间的黏合力应越弱。

在磁磨料抛光加工中，每个磨粒与铣粉颗粒结合在一起，并悬浮在磁场中。使用电磁场可以提高广泛的可修改特性和极高的表面加工质量。

超硬材料加工导致切削力的显著增加。强切削力会损坏加工刀具。要使刀齿尺寸减小到分子尺度，可以使用流体。高压射流可以切割岩石。使用水射流切削称为水力切削。水力切削在理论上可以切削任何材料。射流切削需要高压。射流压力产生的力必须超过材料分子之间的化学键力。

提供高压是一个重大障碍，对应用水力切削造成实际限制。水力切削的高压易于损毁材料和产生技术问题。减弱材料分子之间的化学键力可以降低切削射流的压力。提高温度可以减弱材料分子之间的化学键力。使用高温等离子可以使加工区域内的温度显著升高。材料分子之间的化学键力减弱到这样的程度，即等离子气体射流可以在相对低的压力下从加工区域将材料分子去除。火焰也是等离子。煤气灯和等离子电焊机使用的是等离子气体射流。

使用高温等离子可以显著地加快超硬材料的加工速度。等离子加工不仅可以从加工材料上去除分子，而且也可以利用它们。不过，等离子流的高热能量使得对于等离子气体射流的控制较为复杂。高温使材料产生热变形，等离子气体射流控制不良和热变形会降低加工质量。向电磁场升迁可以使加工过程的控制得到显著的改进。使用激光器可以使加工质量达到原子水平。对加工方式的灵活控制有利于对切削区域的温度进行精确控制，并且能够避免热变形，使切削力降低到零。使用激光加工，被加工材料的机械硬度就可以忽略。

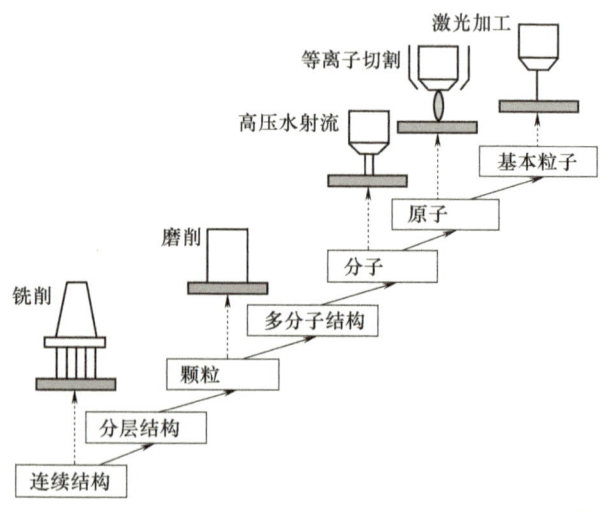

图 3-21 切割工具的进化

可以看到，切割工具沿着连续结构→颗粒→分子→原子→基本粒子的顺序进化，元件不断地离散化，尺寸不断地减小。

问题 26　如何使用向超系统跃迁法则？

1. 正确理解向超系统跃迁法则

在系统自身进化资源消失时，系统转向超系统，也就是说同其他系统联合，使资源进一步发展。主要有两种方式：

1）使技术系统和超系统的资源组合。

2）让系统的某子系统，容纳到超系统中。

2. 重要提示

技术系统的进化是沿着单系统—双系统—多系统的方向发展的；技术系统通过与超系统组件合并来获得资源，超系统会提供大量的可用资源；技术系统进化到极限时，实现某项功能的子系统会从系统中剥离，转移至超系统，作为超系统的一部分；在该子系统的功能得到增强改进的同时，也简化了原有的技术系统。

当系统可用资源逐渐枯竭，需要新的资源来支撑系统继续发展，如通过增加功能或降低花费来提高价值。

【案例】飞机空中加油。

早期的飞机要携带一个笨重的副油箱，在飞行的过程中为飞机补充燃油。现在副油箱被分离到一个超系统内，也就是空中加油机，如图 3-22 所示。这样，飞机不需要再装载数百吨的燃油，随机携带的油量可以减到很少。

【延伸阅读】

飞机刚刚诞生的时候，因为没有加油机，发生了许多既有趣、又令人遗憾的事情。比如，两架飞机进行空战，一架飞机追逐攻击另一架飞机，就在胜利在望之时，忽然飞机油料指示器发出油将用尽的警告。此时，飞行员纵有天大的本领也无济于事，只能望"机"兴叹，赶快返航。又比如，一架

图 3-22　空中加油机

飞机要进行长途飞行，油如果不够，只能中途停下来，加完油再继续飞行。但是，如果是一架挂满炸弹的轰炸机飞上天空，要让它停下来加油，那事情可就麻烦了，除非它把炸弹全部扔掉，否则机场是不会允许它降落的。因为，万一降落时机上炸弹因颠簸而引起爆炸，那后果可就不堪设想了。由于飞机落到地面上加油非常麻烦，因此人们一直梦想什么时候能把加油站搬到空中去。1921 年的一天，富于冒险而又充满想象力的美国人威利·梅伊把一个装有 5 加仑（1 加仑 = 3.78541×10^{-3} 立方米）航空汽油的罐子绑在背上，从一架林肯型飞机的机翼上，爬到另一架飞行的 JN-24 型珍妮飞机的机翼上，并运动到其发动机旁，将油罐中的航空汽油倒进发动机燃料箱，从而成功地完成了第一次"空中加油"。从此，开始了人类

对空中加油技术的开发。两年后，1923年8月27日，真正意义上的空中加油终于实现了。那一天，在美国加利福尼亚州的圣地亚哥湾上空，人们看见有两架飞机，在一上一下、一前一后地编队飞行。忽然，从上面一架飞机上垂下一根10多米长的软管。下面那架飞机上有一人站在座舱里，伸手捉住这根飘摇不定的软管，把它插进自己飞机的油箱。少顷，一股航空燃油从上面那架飞机注入了下面这架飞机的油箱。可不要小看这件事情，这可是航空史上的一个伟大创举。它标志着人们梦想已久的"长翅膀的加油站"从此诞生了！上面那架代号为DH-4B的飞机，因此被作为世界上第一架加油机而载入航空史册。

早期的空中加油都是由手工操作的，犹如进行惊险的空中特技表演，因此不可能得到普及。1933年，前苏联一架TB-1式轰炸机采用A. H. 扎帕诺万内研制的加油设备，成功地给一架P-5侦察机进行了空中加油。1934年，美国也研制出了空中加油设备。在第二次世界大战期间，空中加油技术开始用于实战。战争中，美、英两国的许多轰炸机在大西洋上空进行空中加油，然后再对德国本土进行远程袭击。

20世纪40年代中期，英国首先研制出"绞盘软管"式空中加油设备，安装在早期的空中加油机上。1948年底，美国空军从英国购买了全套空中加油设备，安装在自己的加油机上，组建了一个KB-29和KB-50加油机中队。1949年3月2日，美国B-50轰炸机经KB-29M加油机的4次空中加油，实现了环球一周的不着陆飞行，航程达37532千米。此举标志着空中加油技术达到了一个新的水平。

20世纪50年代初，美国研制出更先进的硬管式（即伸缩套管式）空中加油设备。不久，前苏联也研制出类似的加油设备。1957年1月，美国空军的5架B-52战略轰炸机从加利福尼亚州卡斯尔空军基地起飞，在加油机的支援下，作环球飞行。整个航程历时45小时15分钟。为保障这次实施全球空中打击的演练，美国空军共出动了98架KC-97加油机。此举在世界上曾引起极大的轰动。

随着空中加油技术的不断完善，加油机的作用引起了人们极大的兴趣。许多航空专家把它称作航空史上的里程碑。因此，在以后的几十年中，这种"长翅膀"的加油站在飞机家族中迅速庞大起来，并在许多次战争中立下了赫赫战功。

【思考与练习】试用八大进化法则综合分析空中加油技术与空中加油机的发展进化。

问题27　何为S曲线?

S曲线的概念是哈佛大学教授Vernon提出来的。1966年他首次提出了产品生命周期（Product Life Cycle，PLC）理论，如图3-23所示。

一个新产品常常需要由多种不同的技术来实现，其中核心技术的发展变化决定着产品的生命周期。技术的变化过程不是随机的，历史数据表明，技术的性能随时间变化的规律可以用增长函数（logistic function）来描述，增长函数用图表示即为图3-24所示的"S曲线"。

G. S. Altshuller通过对大量专利的分析研究，发现产品的进化规律满足S曲线，但其进化过程依赖设计者对新技术的引入。G. S. Altshuller用图3-25所示的分段线性S曲线更加明确地把产品进化分为婴儿期、成长期、成熟期和衰退期四个阶段。

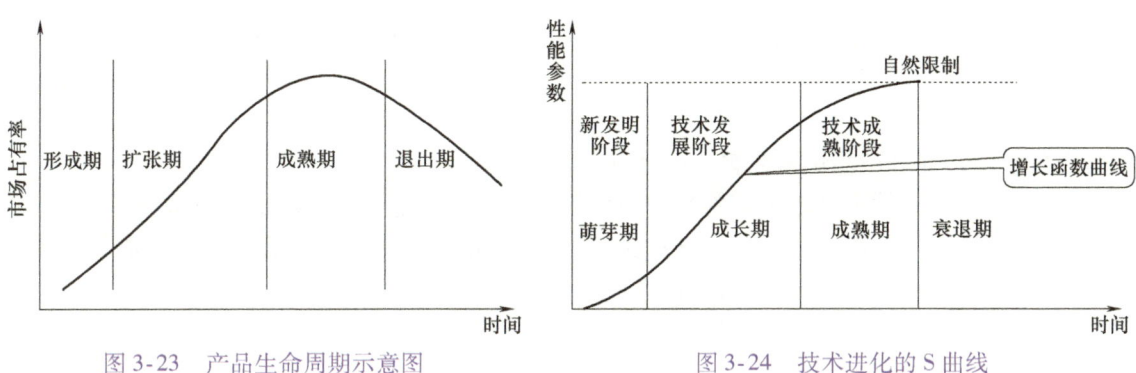

图 3-23　产品生命周期示意图　　　　图 3-24　技术进化的 S 曲线

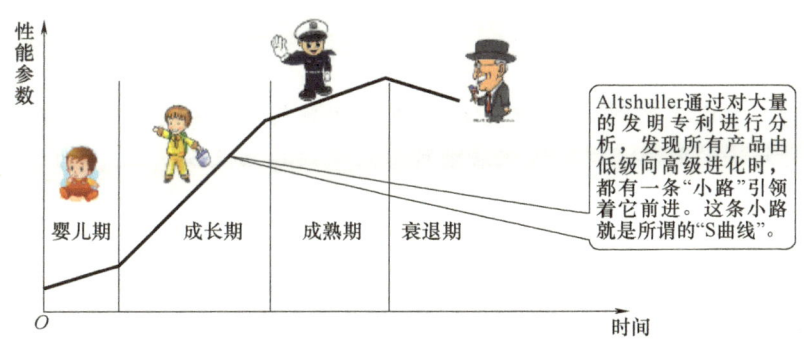

图 3-25　分段线性 S 曲线

问题 28　S 曲线与进化法则有何关系？

S 曲线与技术系统的八大进化法则指明了技术系统进化的一般规律，它是 TRIZ 中解决发明问题的重要指导原则。对于我们理解技术系统的本质，预测其发展走向具有重要的意义。八大进化法则中，提高理想度法则是核心，是其他法则的基础，其余七条法则是围绕着提高系统的理想度法则而进行的。技术系统进化法则同 S 曲线的关系如图 3-26 所示。即：

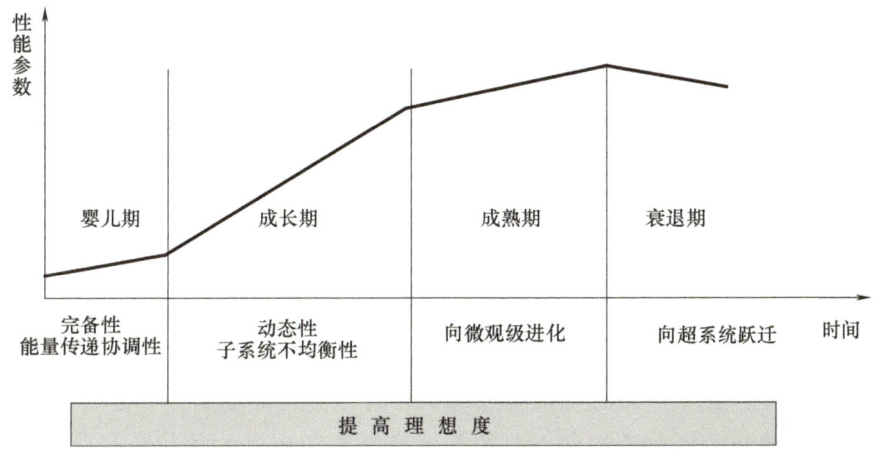

图 3-26　技术系统进化法则同 S 曲线的关系

1）婴儿期产品处于原理实现阶段，一般应用完备性法则、能量传递法则和协调性进化法则使产品功能得以实现。

2）成长期产品处于性能优化和商品化开发阶段，一般应用提高动态性法则、子系统不均衡进化法则，促进产品快速完善，广泛获得市场认可。

3）成熟期产品技术已趋于完善，一般应用向微观系统进化对局部加以改进。

4）衰退期产品性能参数、盈利已达到最高并开始下降，需要提前开发新的替代产品，一般应用向超系统跃迁法则使产品更新换代。

5）提高理想度法则贯穿产品的全生命周期。

【延伸阅读】

技术系统进化法则的作用

技术系统的八大进化法则是 TRIZ 中解决发明问题的重要指导原则，掌握好进化法则，可有效提高问题解决的效率。同时进化法则可以应用到其他很多方面，下面简要介绍 5 个方面的应用：

1. 产生市场需求

产品需求的传统获得方法一般是市场调查，调查人员基本聚焦于现有产品和用户的需求，缺乏对产品未来趋势的有效把握，所以问卷的设计和调查对象的确定在范围上非常有限，导致市场调查所获取的结果往往比较主观、不完善。调查分析获得的结论对新产品市场定位的参考意义不足，甚至出现错误的导向。

TRIZ 的技术系统进化法则是通过对大量的专利研究得出的，具有客观性的跨行业领域的普适性。技术系统的进化法则可以帮助市场调查人员和设计人员从进化趋势确定产品的进化路径，引导用户提出基于未来的需求，实现市场需求的创新，从而立足于未来，抢占领先位置，成为行业的引领者。

2. 定性技术预测

针对目前的产品，技术系统的进化法则可为研发部门提出如下的预测：

1）对处于婴儿期和成长期的产品，在结构、参数上进行优化，促使其尽快成熟，为企业带来利润。同时，也应尽快申请专利进行产权保护，以使企业在今后的市场竞争中处于有利的位置。

2）对处于成熟期或衰退期的产品，避免进行改进设计的投入或进入该产品领域，同时应关注开发新的核心技术以替代已有的技术，推出新一代的产品，保持企业的持续发展。

3）明确符合进化趋势的技术发展方向，避免错误的投入。

4）定位系统中最需要改进的子系统，以提高整个产品的水平。

5）跨越现有的系统，从超系统的角度定位产品可能的进化模式。

3. 产生新技术

产品进化过程中，虽然产品的基本功能基本维持不变或有增加，但其他的功能需求和实现形式一直处于持续的进化和变化中，尤其是一些令顾客喜悦的功能变化得非常快。因此，按照进化理论可以对当前产品进行分析，以找出更合理的功能实现结构，帮助设计人员完成对系统或子系统基于进化的设计。

4. 专利布局

技术系统的进化法则，可以有效确定未来的技术系统走势，对于当前还没有市场需求的技术，可以事先进行有效的专利布局，以保证企业未来的长久发展空间和专利发放所带来的可观收益。

当前的社会，有很多企业正是依靠有效的专利布局来获得高附加值的收益。在通信行业，美国高通公司的高速成长正是基于预先的大量的专利布局，在CDMA技术上的专利几乎形成全世界范围内的垄断。我国的大量企业，每年会向国外的公司支付大量的专利使用许可费，这不但大大缩小产品的利润空间，而且经常还会因为专利诉讼而官司缠身。

最重要的是专利正成为许多企业打击竞争对手的重要手段。我国的企业在走向国际化的道路上，很多都遇到了国外同行在专利上的阻挡，虽然有些官司最后以和解结束，但被告方却在诉讼期间丧失了大量的、重要的市场机会。

同时，拥有专利权也可以与其他公司进行专利许可使用的互换，从而节省资源，节省研发成本。因此，专利布局正成为创新型企业的一项重要工作。

5. 选择企业战略制定的时机

八大进化法则，尤其是S曲线对选择一个企业发展战略制订的时机具有积极的指导意义。一个企业也是一个技术系统，一个成功的企业战略能够将企业带入一个快速发展的时期，完成一次S曲线的完整发展过程。但是当这个战略进入成熟期以后，将面临后续的衰退期，所以企业面临的是下一个战略的制订。

很多企业无法跨越20年的持续发展，正是由于在一个S曲线的4个阶段的完整进化中，企业没有及时进行有效的下一个企业发展战略的制订，没有完成S曲线的顺利交替，以致被淘汰出局，退出历史舞台，所以企业在一次成功的战略制订后，在获得成功的同时，不要忘记S曲线的规律，需要在成熟期开始着手进行下一个战略的制订和实施，从而顺利完成下一个S曲线的启动，将企业带向下一个辉煌。

第4章 TRIZ"参数桥"导引

> 技术系统的设计,在一百年前是一种艺术,现在已经成为精确科学,且正变成系统发展科学。
>
> TRIZ理论的出现和迅速发展都不是偶然的,而是必然的,是由现代科学技术革命提出的。
>
> "TRIZ理论"式工作必然会取代"碰运气"式的工作。
>
> 但是人类的智力不会无所事事,人们将会考虑更为复杂的问题。
>
> ——G.S.Altshuller

问题29 "参数桥"是如何构成的？

TRIZ 的"参数桥"如图 4-1 所示，图 4-1a 表示了 TRIZ "参数桥"的构成，即解决冲突问题的"逻辑化"步骤。当发明问题呈现参数属性时，通过冲突分析确定冲突性质，对于技术冲突和物理冲突分别应用发明原理和分离原理来解决，解决过程遵循 TRIZ 解题模式，即"三部曲"的模式：上桥、过桥和下桥，分别如图 4-1b、c 所示。

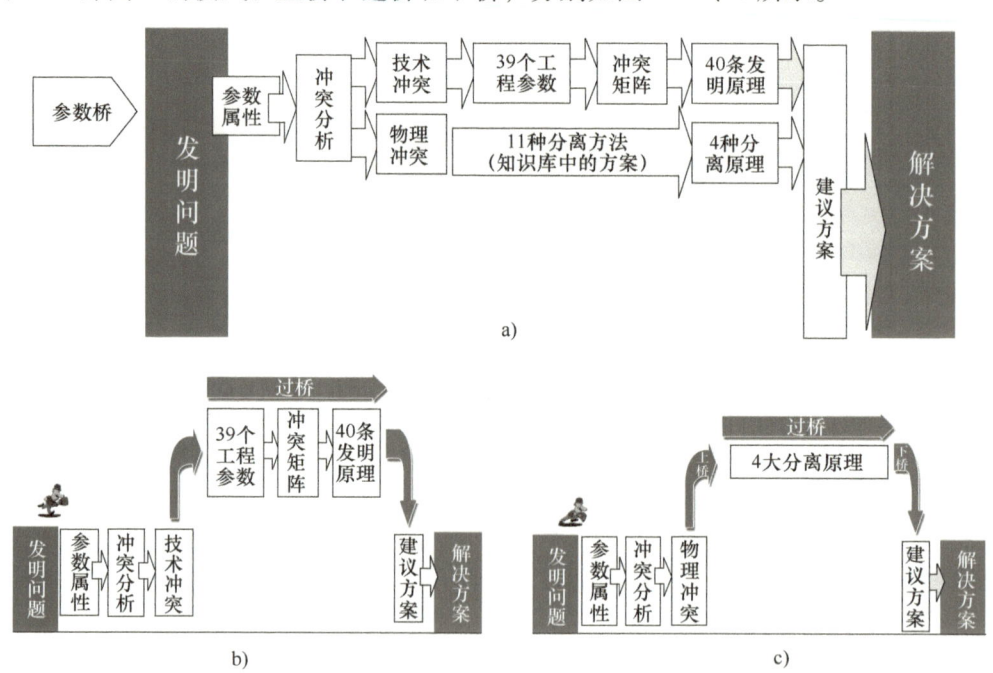

图 4-1 TRIZ 的"参数桥"
a）TRIZ 的"参数桥" b）技术冲突"参数桥" c）物理冲突"参数桥"

问题30 "参数桥"是解决哪类问题的？

呈现"参数属性"的问题，即表现为系统的某些参数发生冲突的问题，可以通过 TRIZ "参数桥"得以求解。

无论是在工程问题上，还是在管理问题上，常常出现因系统参数发生冲突而导致问题难以解决的现象。这种问题又分为以下两类：

（1）技术冲突 它是发生在两个参数之间的冲突。如图 4-2 所示，当一个参数得到改善时，另一参数则变得恶化。例如，增加桌子的强度

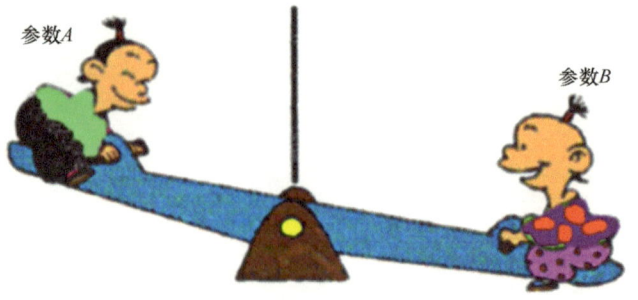

图 4-2 技术冲突的两个参数

时，一般会导致其重量增加、多使用材料；增大桌子面积时，则同时导致其体积增大、多占用空间。

技术冲突常常表现为一个系统中两个子系统之间的冲突。技术冲突出现的几种情况：

1）在一个子系统中引入一种有用功能，会导致另一个子系统产生一种有害功能，或使得已存在的一种有害功能加强。

2）消除一种有害功能，会导致另一个子系统有用功能变差。

3）有用功能的加强或有害功能的减少会使另一个子系统或系统变得太复杂。

（2）物理冲突　它是发生在一个参数上的冲突，即对系统中的某一个参数提出了完全相反或不同的需求，也就是为了满足某种需求，一个系统或物体应该具有某种参数特性，但为了满足别的需求，系统又要具有另一种参数特性。例如，对桌面厚度既要求厚，又要求薄，要求厚是为了结实，要求薄是为了节省材料，这就构成了物理冲突。常见的物理冲突见表4-1。

表4-1　常见的物理冲突

类　型	举　例				
几何类	长、短	厚、薄	圆、非圆	对称、非对称	直线、曲线	宽、窄
功能类	推、拉	冷、热	快、慢	运动、静止	软、硬	强、弱
材料类	多、少	密度大、小	温度高、低	粘度大、小	热扩散率大、小	导热系数大、小
能量类	高、低	功率大、小	温度高、低	扩散系数大、小	……	

面临这类冲突问题，我们通常的办法是采取"折中"策略。"折中"只能在一定程度上化解冲突，不能彻底消除冲突。使用TRIZ的"参数桥"可以彻底消除冲突。

问题31　发明原理是怎样诞生的？

既然工程中存在大量技术冲突，这就需要找到一种解决技术冲突的方法。阿奇舒勒通过对大量专利的研究，发现在解决发明问题的时候，尽管许多问题来自于不同的领域和行业，但是解决这些问题的方法是相同的。最初他从二十万份专利中筛选出符合要求的四万份作为各种发明问题的最有效的解，然后从中抽象出了TRIZ解决发明问题的基本方法，这些方法可以普遍地适用于新出现的发明问题，帮助人们获得这些发明问题的最有效的解。从1946年至1969年，阿奇舒勒先后共总结、提炼出了用来解决发明问题的常用的40种方法，称其为40个发明原理或40个创新原理。

阿奇舒勒提出的40个发明原理见表4-2。

表4-2　发明原理

序号	名　称	序号	名　称	序号	名　称	序号	名　称
1	分割	4	不对称	7	嵌套	10	预操作
2	分离	5	组合	8	重量补偿	11	预补偿
3	局部质量	6	多用性	9	预加反作用	12	等势性

(续)

序号	名称	序号	名称	序号	名称	序号	名称
13	反向	20	有效作用的连续性	27	廉价品替代	34	抛弃与修复
14	曲面化	21	紧急行动	28	机械系统替代	35	参数变化
15	动态化	22	变害为益	29	气动与液压结构	36	相变
16	未达到或超过的作用	23	反馈	30	柔性壳体或薄膜	37	热膨胀
17	维数变化	24	中介物	31	多孔材料	38	加速强氧化
18	振动	25	自服务	32	改变颜色	39	惰性环境
19	周期性作用	26	复制	33	同质性	40	复合材料

问题 32 如何使用发明原理？

所谓如何使用，首先是如何"选用"的问题。一般在面对较模糊问题、冲突不明显的问题或在问题分析的初始阶段，常常用"浏览法"选用发明原理。这种方式建立在对 40 个发明原理烂熟于心、融会贯通的基础上，再根据对问题的理解直接凭感觉"对号入座"，由于不必查找冲突矩阵，这种方式可以随时随地实施，但其选用发明原理的准确性较差，是一种 TRIZ "试错法"。

当问题比较清晰、冲突比较明显时，还应利用"参数桥"三部曲的方式使用发明原理。对于技术冲突，先用 39 个通用工程参数进行描述，即转化为 TRIZ 的标准冲突，然后到冲突矩阵中查找相应的发明原理来解决，发明原理即为问题的标准解法。对于物理冲突，一般直接用分离原理求解，也常常将分离原理与发明原理联合起来求解，分离原理与发明原理的关系见问题 42。

三种方式使用发明原理的过程如图 4-3 所示。选用到合适的发明原理后，还要结合具体问题的领域经验与专业知识进行创新性思考，才能得到"领域解"，即具体的解决方案。

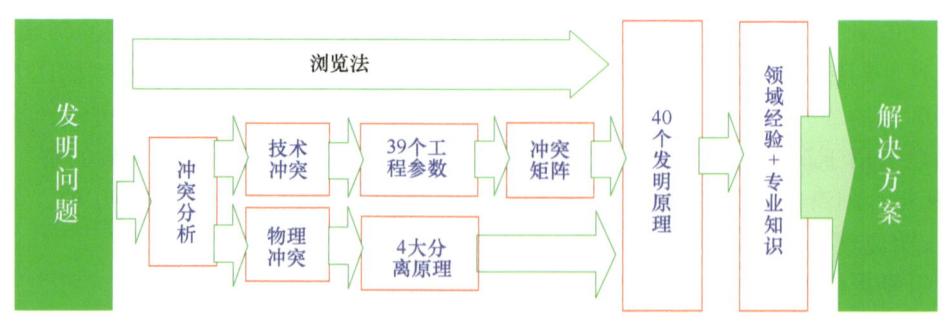

图 4-3 利用发明原理解决问题的方式

【案例】多孔玻璃过滤器。

如果你是一个企业主，接到这样一笔订单：加工一批直径 1m、长度为 2m 的多孔玻璃过滤器，如图 4-4 所示，横断面要求布满细小的通孔。你怎么办？能根据 40 个发明原理的启示找到解决问题的思路吗？

【思考与练习】你工作中遇到过或正在面临难于解决的问题吗？试试用浏览法从 40 个发明原理的提示中寻求些新思路。或分析一下下面的问题：在射击训练中，射击运动员必须射击以特定速度飞行的、具有标准大小的靶标。当射手射中靶时，靶标就破裂成碎片，碎片落到地面上，把射击场搞得一片狼藉。你能从 40 个发明原理中查找出适用的原理来改善这一状况吗？

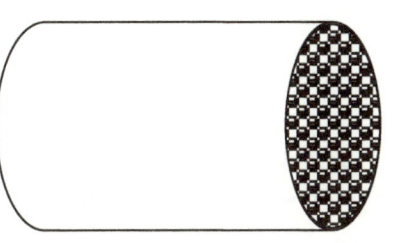

图 4-4　多孔玻璃过滤器

问题 33　如何发现并确定冲突？

发现并确定冲突的方法有很多，可以通过系统功能分析、物场模型分析、因果分析来确定，也可以结合其他创新方法，如 QFD、AD、TOC 等理论来确定。一般地，按照如图 4-5 所示的三个步骤，我们可以发现并确定系统中存在的技术冲突。

【案例】火箭发射（图 4-6）失败的原因分析。

2003 年 11 月 29 日，日本曾利用 H2A 运载火箭 6 号机发射一颗多功能卫星，发射上天约 10 分钟后，火箭在距离地球轨道 422 千米的高度时，火箭 6 号机因固体火箭增压器未能分离而导致故障。地面控制中心只好忍痛令它自毁，事后被确认为是喷嘴形状和极高的燃烧压力导致喷嘴出现漏孔所致。2005 年 2 月 26 日，日本研制的 H2A 运载火箭 7 号机再次发射，为了确保这次发射成功，日本宇宙机构把安全放在了第一位，不惜牺牲火箭升空能力，把燃烧压力降低了两成，并改进了喷嘴形状。

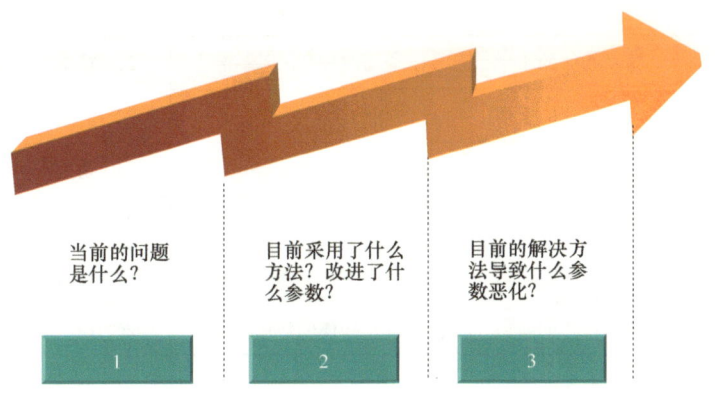

图 4-5　确定技术冲突的步骤

按照确定技术冲突的步骤分析如下：

1) 当前的问题是什么？火箭需要向上的推力。
2) 目前采用什么办法？改善了什么参数？采用高温高压气体，改善了升力。
3) 目前的解决办法导致什么参数恶化？高温高压气体导致喷嘴变形。

就是说，系统在改善火箭上升力的同时，恶化了喷嘴的形状。其技术冲突可描述为：

① 改善的参数：火箭的上升力。
② 恶化的参数：喷嘴的形状。

图 4-6　火箭发射

【思考与练习】试分析并确定射击训练中存在的技术冲突。

问题 34　如何把领域技术冲突转化为标准技术冲突？

为了快速准确地利用发明原理解决技术冲突，确定了特定问题的技术冲突后，要将具体领域技术冲突用 39 个通用工程参数重新描述。这是应用 TRIZ "参数桥"解题"三部曲"的第一步："上桥"过程，图 4-1 a 所示，即把一般的领域问题转化为 TRIZ 的标准问题的过程。39 个通用工程参数见表 4-3，具体解释见附录 A。其转化过程如图 4-7 所示。

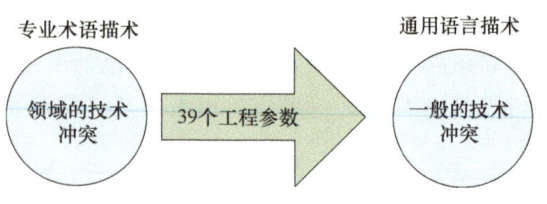

图 4-7　技术冲突的标准化描述

表 4-3　39 个通用工程参数

1. 运动物体的重量	11. 应力或压力	21. 功率	31. 物体产生的有害因素
2. 静止物体的重量	12. 形状	22. 能量损失	32. 可制造性
3. 运动物体的长度	13. 结构的稳定性	23. 物质损失	33. 可操作性
4. 静止物体的长度	14. 强度	24. 信息损失	34. 可维修性
5. 运动物体的面积	15. 运动物体的作用时间	25. 时间损失	35. 适应性及通用性
6. 静止物体的面积	16. 静止物体的作用时间	26. 物质或事物的数量	36. 系统的复杂性
7. 运动物体的体积	17. 温度	27. 可靠性	37. 控制和测试的复杂性
8. 静止物体的体积	18. 光照度	28. 测试精度	38. 自动化程度
9. 速度	19. 运动物体的能量	29. 制造精度	39. 生产率
10. 力	20. 静止物体的能量	30. 作用于物体的有害因素	

【案例】火箭发射（图 4-6）失败的技术冲突。

在火箭发射的实例中，分析得到技术冲突表现为：改善了"火箭的上升力"，恶化了"喷嘴的形状"，用 39 个通用工程参数标准化描述为：

改善的参数：10. 力。

恶化的参数：12. 形状。

【思考与练习】试把射击训练中的冲突转化为标准技术冲突。

问题 35　有哪些标准技术冲突？

如前所述，各领域出现的各种技术冲突都可以用 39 个通用工程参数转化为标准的技术冲突，那么 39 个通用工程参数可以组成多少对标准技术冲突呢？阿奇舒勒组建了一个 39×39 的冲突矩阵，见表 4-4，他把 39 个通用工程参数依次放在矩阵第一列，表示要改善的参数；他又把 39 个通用工程参数依次放在矩阵第一行，表示会恶化的参数；这样从理论上就可以形成 1521 对标准冲突。其中自左上至右下的对角线上的 39 对是 39 个通用工程参数自身的冲突，属于物理冲突；其余 1482 对组合为技术冲突。阿奇舒勒对每一对技术冲突都基于专利信息进行了分析，除 219 对组合一般不构成冲突或其构成冲突但解决方案不具有代表性外，他用 40 个发明原理给出了其他 1263 对典型技术冲突的常用解决方法。图 4-8 所示为冲突矩阵的一个局部视图，单元中的数字代表解决相应冲突所使用的发明原理。

表 4-4　阿奇舒勒冲突矩阵的构成

改善＼恶化	No. 1	No. x	No. 39
No. 1			
No. y		常用发明原理	
No. 39			1521

改善的 参数 ＼ 恶化的 参数	1.运动物体的重量	2.静止物体的重量	3.运动物体的长度	4.静止物体的长度	5.运动物体的面积
1.运动物体的重量		41,42,43,44,45,46		15,8,29,34	29,17,38,34
2.静止物体的重量			41,42,43,44,45,46	10,1,29,35	
3.运动物体的长度	8,15,29,34			41,42,43,44,45,46	15,17,4
4.静止物体的长度		35,28,40,29			41,42,43,44,45,46
5.运动物体的面积	2,17,29,4		14,15,18,4		41,42,43,44,45,46
6.静止物体的面积		30,2,14,18		26,7,9,39	
7.运动物体的体积	2,26,29,40		1,7,35,4		1,7,4,17
8.静止物体的体积		35,10,19,14	19,14	35,8,2,14	
9.速度	2,28,13,38		13,14,8		29,30,34
10.力	8,1,37,18	18,13,1,28	17,19,9,36	28,10	19,10,15
11.应力,压强	10,36,37,40	13,29,10,18	35,10,36	35,1,14,16	10,15,36,28
12.形状	8,10,29,40	15,10,26,3	29,34,5,4	13,14,10,7	5,34,4,10
13.稳定性	21,35,2,39	26,39,1,40	13,15,1,28	37	2,11,13
14.强度	1,8,40,15	40,26,27,1	1,15,8,35	15,14,28,26	3,34,40,29
15.运动物体的作用时间	19,5,34,31		2,19,9		3,17,19
16.静止物体的作用时间		6,27,19,16		1,40,35	
17.温度	36,22,6,38	22,35,32	15,19,9	15,19,9	3,35,39,18
18.照度	19,1,32	2,35,32	19,32,16		19,32,26
19.运动物体的能量消耗	12,18,28,31		12,28		15,19,25
20.静止物体的能量消耗		19,9,6,27			
21.功率	8,36,38,31	19,26,17,27	1,10,35,37		19,38

图 4-8　冲突矩阵局部视图

问题 36　如何使用冲突矩阵？

发现并确定系统存在的冲突，再用 39 个工程参数转化为标准技术冲突后，就可以利用冲突矩阵查找解决这一冲突的发明原理。在冲突矩阵的第一列中找到改善的参数，第一行中找到恶化的参数，对应单元中的数字即为解决这个技术冲突的发明原理的编号。

【案例】火箭发射失败的解决办法。

如前所述，在火箭发射例子中，分析得到改善的参数为 No10：力，恶化的参数为

No12：形状。如图4-9所示，在冲突矩阵的第一列中找到No10：力，第一行中找到No12：形状，对应单元中的数字为10、35、40、34，就是说这个问题可以用以下发明原理来解决：No10：预操作，No35：参数变化，No40：复合材料，No34：抛弃与修复。

本案例中日本使用7号机再次发射时，把燃烧压力降低了两成（No35：参数变化），并改进了喷嘴形状（No10：预操作），确保了发射成功。如果进一步综合应用这四个发明原理，或许不必牺牲火箭升空能力，使发射更加顺利。

【思考与练习】使用冲突矩阵查找解决射击训练中技术冲突的发明原理。

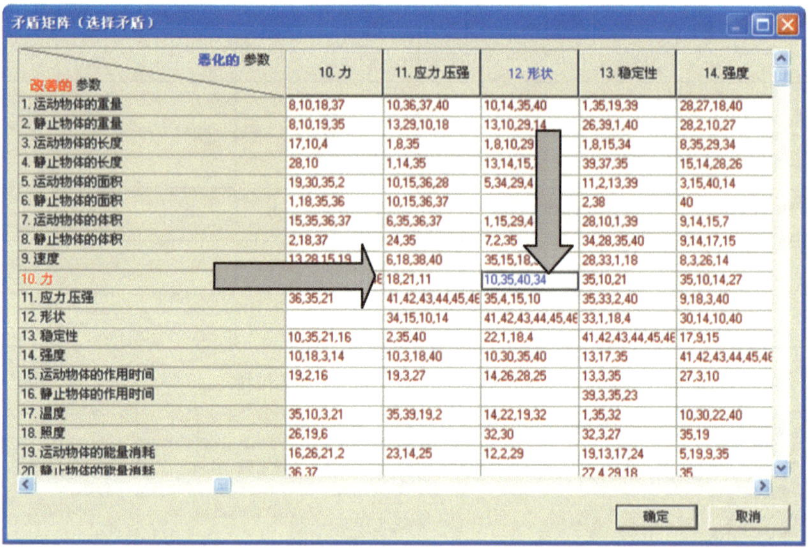

图4-9　火箭发射失败的解决办法

问题37　解决物理冲突的分离原理是怎样的？

如前所述，工程中的冲突常常表现为发生在两个参数之间的技术冲突和发生在一个参数上的物理冲突，技术冲突利用发明原理可以消除，那么物理冲突如何解决呢？

以十字路口的交通问题为例，两条道路应该交叉，以便于车辆改变行驶方向，两条道路又不应该交叉，以免车辆发生碰撞。我们是如何解决这一问题的呢？目前常用方法有四种：

一是设置信号灯，不同方向的车辆（行人）间隔通行，从时间上把冲突分离开，如图4-10a所示。

二是建造立交桥、过街天桥、地

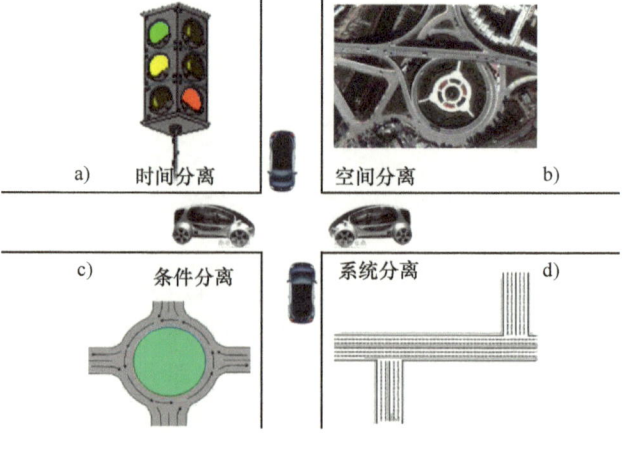

图4-10　分离原理

下通道等，不同方向的车辆（行人）通过空间交错各行其道，从空间上把冲突分离开，如图4-10b所示。

三是建造安全岛，即在十字路口的中央位置设置一个大转盘，各个方向的车辆进入十字路口时首先右转按逆时针绕行，行驶到出行方向时，全部以右转弯方式驶出转盘，通过附加以上条件把冲突分离开，如图4-10c所示。

四是将十字路口分解，比如分解为两个丁字路口，通过局部与整体的系统分离可以在一定程度上缓解冲突现象，如图4-10d所示。

图4-10解决十字路口交通问题所采用的四种方法，正是我们面临诸多物理冲突时所使用的四大分离原理：

1）分离原理1：时间分离。
2）分离原理2：空间分离。
3）分离原理3：条件分离。
4）分离原理4：系统分离。

【思考与练习】试分析并确定射击训练中存在的物理冲突。

问题38　如何使用时间分离原理？

1. 正确理解时间分离原理

所谓时间分离，就是将冲突双方在不同的时间上进行分离，以获得问题的解决方案。当冲突双方在某一时间段只出现一方时，时间分离是可能的。使系统在某一时间段表现为一种特性，满足冲突的一方；而在另一时间段表现为另外一种特性，满足冲突的另一方，如图4-11所示。

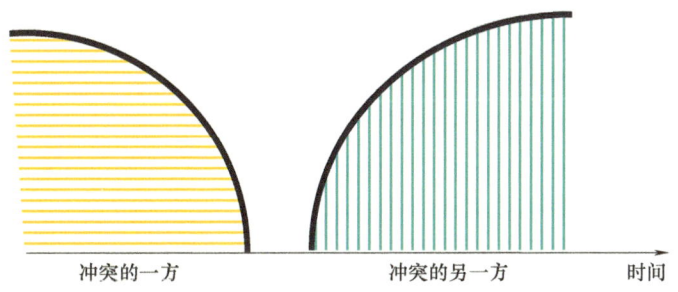

图4-11　时间分离原理

2. 使用时间分离原理的步骤

第一步：分析系统存在问题，定义物理冲突。
1）确定冲突参数：A。
2）明确第一种要求，即A1→A＋。
3）明确第二种要求，即A2→A－。

第二步：如果想实现技术系统的理想状态，参数A的不同要求A1→A＋、A2→A－，分别应该在什么时间得以实现？

1）确定技术系统实现参数A第一种要求，即A1→A＋的第一时间段：T1。

2）确定技术系统实现参数 A 第二种要求，即 A2→A - 的第二时间段：T2。

第三步：判断两时间段 T1、T2 是否交叉？

1）如果 T1、T2 不交叉，则应用时间分离原理可以解决问题。

2）如果 T1、T2 交叉，则继续分析尝试其他三个分离原理。

【案例】膨胀螺栓的发明。

我们常常使用地脚螺栓把某些物体或装备固定在混凝土等坚固的墙面或地面上。如图 4-12 所示，先打一孔，将螺栓头插入孔底，再用水泥把孔封死，使螺栓固定。这种方法工艺复杂，费工费时。直到 1958 年，德国的费希尔发明了膨胀螺栓，如图 4-13 所示，彻底改变了这一现状，试用 TRIZ 理论分析该发明机理。

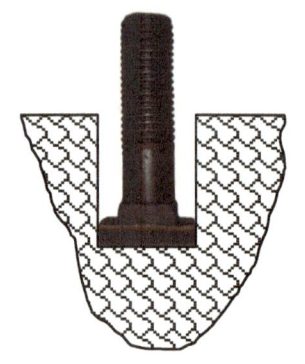
图 4-12　地脚螺栓

图 4-13　膨胀螺栓

分析如下：

第一步：分析系统存在的问题，定义物理冲突。

确定冲突参数：从施工工艺过程可以看出，为了便于把螺栓放入孔中，螺栓和孔应该有足够的间隙，而为了使螺栓牢固固定，螺栓和孔不仅不应该有间隙，还要结合紧密；这是典型的物理冲突，即对螺栓和孔的配合提出了两种不同的要求，冲突参数是"螺栓和孔的配合间隙"。

明确第一种要求：螺栓和孔的配合间隙要大。

明确第二种要求：螺栓和孔的配合间隙要小。

第二步：在理想状态下，对螺栓和孔的配合间隙提出的两种不同要求，分别应该在什么时间得以实现？

实现第一种要求的第一时间段 T1：安装过程中。

实现第二种要求的第二时间段 T2：安装完成后。

第三步：判断两时间段 T1、T2 是否交叉。

T1、T2 不交叉，可以应用时间分离原理解决问题。使螺栓在不同的时间段直径不同，安装时直径小，安装后直径变大（膨胀），膨胀螺栓就满足了这种要求。

可是，现在使用的膨胀螺栓，需要拆下来的时候非常困难，即使用时螺栓膨胀变大，拆卸时希望它再次变小，新的物理冲突发生了，你有办法解决吗？

【思考与练习】试用时间分离原理来解决射击训练中的物理冲突。

问题 39 如何使用空间分离原理？

1. 正确理解空间分离原理

所谓空间分离，就是将冲突双方在不同的空间上进行分离，以获得问题的解决方案。当冲突双方在某一空间只出现一方时，空间分离是可能的。利用空间资源，将物体的一部分表现为一种特性，而其他的部分表现为另外一种特性，如图 4-14 所示。

2. 使用空间分离原理的步骤

第一步：分析系统存在问题，定义物理冲突。

1）确定冲突参数：A。
2）明确第一种要求，即 A1→A +。
3）明确第二种要求，即 A2→A -。

第二步：如果想实现技术系统的理想状态，参数 A 的不同要求 A1→A +、A2→A -，分别应该在什么空间得以实现？

1）确定技术系统实现参数 A 第一种要求，即 A1→A + 的第一空间：S1。
2）确定技术系统实现参数 A 第二种要求，即 A2→A - 的第二空间：S2。

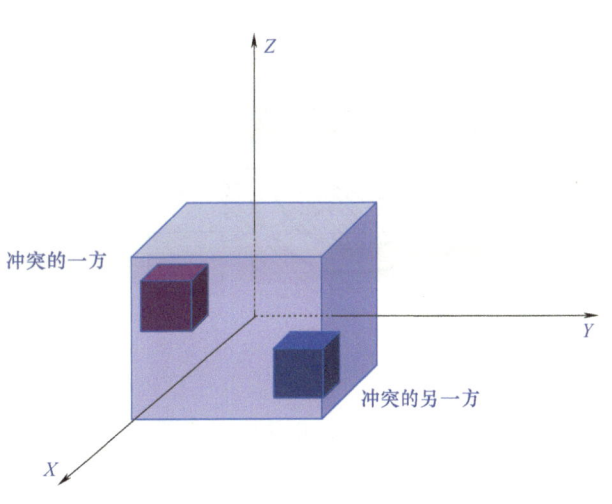

图 4-14 空间分离原理

第三步：判断两空间 S1、S2 是否交叉。

1）如果 S1、S2 不交叉，则应用空间分离原理可以解决问题。
2）如果 S1、S2 交叉，则继续分析尝试其他三个分离原理。

【案例】 **大孔径钻头**。

利用普通麻花钻头（图 4-15）加工孔时，切削下来的金属屑由螺旋形的容屑槽导出。当加工孔径较大时，由于所去除的材料非常多，钻头的磨损严重，金属屑导出困难，同时加工过程消耗的功率也很大。如何通过改进钻头来改善这种状况呢？

第一步：分析系统存在的问题，定义物理冲突。

（1）确定冲突参数 从加工过程可以看出，为了加工出孔，需要把孔内的金属切削掉；而为了减少刀具磨损和金属屑的导出消耗，孔内金属最好不切削或少切削。这是典型的物理冲突，即对孔内金属料是否切削提出了两种不同的要求，特别是在加工孔径较大的时候冲突更为明显，冲突参数是"孔内金属料"。

（2）明确第一种要求 孔内金属料要全部切削掉。

（3）明确第二种要求 孔内金属料不要切削或少切削。

图 4-15 普通麻花钻头

第二步：在理想状态下，对孔内金属料提出的两种不同要求，分别应该在什么空间得以实现？

（1）实现第一种要求的第一空间 S1 要加工出孔，其实只需要把孔径内侧的一层薄料去除即可，比如激光切割的效果，就是说实现第一种要求的第一空间 S1 是"以孔径直径为外径的环形空间"，这部分金属需要全部切削掉，如图 4-16 所示。

（2）实现第二种要求的第二空间 S2　被加工孔径孔芯部位的材料只需要"去除"，不需要切削成金属屑，这部分空间就是 S2，亦如图 4-16 所示。

第三步：判断两空间 S1、S2 是否交叉。

S1、S2 不交叉，可以应用空间分离原理解决问题。根据加工孔的空间分割，把钻头也分成 S1、S2 两个空间，把内部空间 S2 舍去，经改进的钻头即为图 4-17 所示的套料钻。

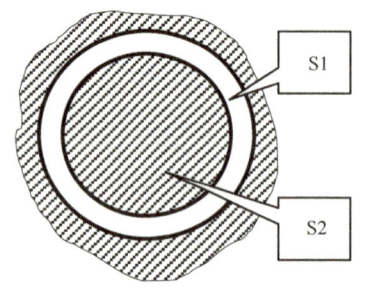

图 4-16　实现两种要求的空间

图 4-17　套料钻

【思考与练习】试用空间分离原理来解决射击训练中的物理冲突。

问题 40　如何使用条件分离原理？

1. 正确理解条件分离原理

所谓条件分离，就是将冲突双方在不同的条件下进行分离，以获得问题的解决方案。当冲突双方在某一条件下只出现一方时，基于条件的分离是可能的。使系统在某一条件下表现为一种特性，满足冲突的一方；而在另一条件下表现为另外一种特性，满足冲突的另一方。

2. 使用条件分离原理的步骤

第一步：分析系统存在的问题，定义物理冲突。

1）确定冲突参数：A。

2）明确第一种要求，即 A1→A＋。

3）明确第二种要求，即 A2→A－。

第二步：如果想实现技术系统的理想状态，参数 A 的不同要求 A1→A＋、A2→A－，分别应该在什么条件得以实现？

1）确定技术系统实现参数 A 第一种要求，即 A1→A＋ 的第一条件：C1。

2）确定技术系统实现参数 A 第二种要求，即 A2→A－ 的第二条件：C2。

第三步：判断两条件 C1、C2 是否交叉。

1）如果 C1、C2 不交叉，则应用条件分离原理可以解决问题。

2）如果 C1、C2 交叉，则继续分析尝试其他三个分离原理。

【案例】钢板高温防氧化问题。

某公司在制造一种零件时，需要将钢板加热到 1300℃，放在压力机上冲压成形。然而，钢板在加热到 800℃ 时，就发生了严重的氧化，使得加工出的零件无法使用。如何来解决此问题呢？

分析可知，这里存在一对物理冲突，冲突参数是钢板的温度，希望温度高以便于成形，希望温度低以防止氧化。

条件分离是让人们思考能否使冲突双方在某一条件下只出现一方，本案例中高温是必需的，氧化是要避免的，我们如果能找到在高温下使钢板不被氧化的条件，冲突即可分离。当钢板被加热时，钢板与空气中的氧气发生反应，是导致钢板被氧化的原因。如果钢板和空气中的氧气不接触，那么氧化反应就不能进行。

由此我们找到分离冲突的条件，即将空气与钢板用惰性气体隔开，比如使用氮气。在氮气保护下，将钢板加热到 1300℃ 进行冲压成形，加工完毕后，待钢板温度降低到 800℃ 以下，再去掉氮气的保护，既保证了成形的温度需要，又防止了钢板氧化。

【思考与练习】试用条件分离原理来解决射击训练中的物理冲突。

问题 41　如何使用系统分离原理？

1. 正确理解系统分离原理

所谓系统分离，就是将冲突的双方在不同的层次或系统级别上分离开，以获得问题的解决或降低问题的解决难度。当冲突双方在某一层次或系统级别上只出现一方时，系统分离是可能的。

2. 使用系统分离原理的步骤

第一步：分析系统存在问题，定义物理冲突。

1）确定冲突参数：A。

2）明确第一种要求，即 A1→A +。

3）明确第二种要求，即 A2→A -。

第二步：如果想实现技术系统的理想状态，参数 A 的不同要求 A1→A +、A2→A -，分别应该在什么系统层次或级别上得以实现？

1）确定实现参数 A 第一种要求 A1→A + 的第一种系统层次或级别：S1。

2）确定实现参数 A 第二种要求 A2→A - 的第二种系统层次或级别：S2。

第三步：判断两系统层次或级别 S1、S2 是否交叉。

1）如果 S1、S2 不交叉，则应用系统分离原理可以解决问题。

2）如果 S1、S2 交叉，则继续分析尝试其他三个分离原理。

【案例】自行车链条。

如图 4-18 所示，对自行车链条的性能要求存在物理冲突，一方面希望它是柔性的，以便于像带传动一样在两链轮之间环绕进行运动传递，另一方面又希望它是刚性的，以克服像带传动一样因弹性变形而存在的柔性滑动，致使运动传动比不准确。现实中采用了系统分离原理：链条在宏观层次上（整体上）是柔性的，在微观层次上（每个链节）是刚性的，通过在不同层次上的分离，同时满足了两种不同的需求。

【思考与练习】试用系统分离原理来解决射击训练中的物理冲突。

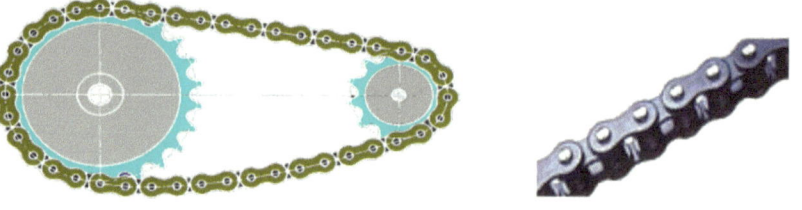

图 4-18　链条的物理冲突及解决办法

问题 42　分离原理与发明原理有联系吗？

既然技术冲突可以转化成物理冲突，那么它们的解决原理之间是否也存在一定关系呢？英国 Bath 大学的 Mann 进行深入的研究后得出结论：一条解决物理冲突的分离原理，可以有多条解决技术冲突的发明原理对应，分离原理与发明原理之间的对应关系见表 4-5。

表 4-5　分离原理与发明原理之间的对应关系

解决物理冲突的分离原理	解决技术冲突的发明原理
空间分离	1，2，3，4，7，13，17，24，26，30
时间分离	9，10，11，15，16，18，19，20，21，29，34，37
条件分离	1，7，25，27，5，22，23，33，6，8，14，35，13
系统分离	12，28，31，32，35，36，38，39，40

【案例】波音飞机改进设计。

波音公司改进 737 的设计时，需要将使用中的发动机改为功率更大的发动机。发动机功率越大，它工作时需要的空气越多，发动机罩的直径就要增大，这会导致机罩离地面的距离减小，影响飞机的安全降落。怎么解决这个问题呢？

利用技术冲突描述问题：

1）希望增大发动机的功率（参数 A）。

2）会导致机罩离地面的距离减小（参数 B）。

利用物理冲突描述问题：

发动机罩的直径既需要增大又不能增大。

解决方案：增加发动机罩的直径，以便增加空气的吸入量，但为了不减小与地面之间的距离，将机罩的底部改成较平的曲线，而上部仍为圆弧，即将发动机罩的形状由对称改为不对称，如图 4-19 所示。改进前的飞机外形如图 4-20 所示，改进后的飞机外形如图 4-21 所示。

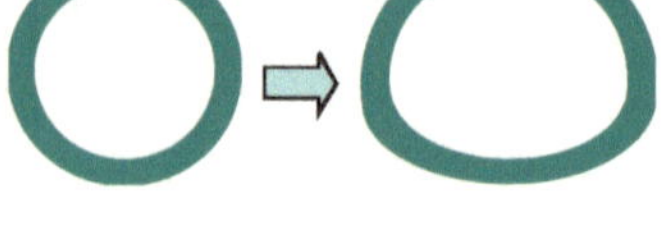

在波音飞机改进设计案例中，最终的解决方案为将发动机罩的形状由对称改为不对称。采用的是解决物理冲突的空间分离原理，而对应的解决技术冲突的发明原理是 No. 4 不对称原理。

图 4-19　机罩形状由对称改为不对称

图 4-20 改进前的飞机外形

图 4-21 改进后的飞机外形

【思考与练习】射击训练问题中即存在技术冲突,又存在物理冲突,既可以用发明原理来解决,也可以用分离原理来改善,试分析比较其中的联系与区别。

问题 43 怎样确定问题的领域解?

在利用 TRIZ 解决问题的时候,首先将问题转化成 TRIZ 标准问题或标准模型,然后利用 TRIZ 中间工具得到解决该问题的 TRIZ 的标准解,最后将 TRIZ 的标准解转化为特定领域的解(简称领域解)。

解决技术冲突问题时,利用冲突矩阵得到的发明原理即为 TRIZ 的标准解,这些原理仅表明解的可能的方向,即应用这些原理使问题的解迅速收敛到正确的方向上。在这些原理的启发下,寻求具体问题的特定领域的解决方案时,还需要应用专业知识与领域经验,根据所掌握的资源,结合技术装备、成本控制等条件,具体问题具体分析,进行再创造。一般情况下,将各个发明原理进行综合运用,可以得到理想的解决方案。

【案例】火箭发射的领域解。

在火箭发射例子中,根据给出的 4 个发明原理可以考虑以下可能的领域解:

根据 No. 10 预操作原理:改变喷嘴形状增加结构刚度,预先反变形,预先做成组合结构等。

根据 No. 35 参数变化原理:改变压力参数、温度参数,改变喷嘴尺寸参数、结构参数、材料参数等。

根据 No. 40 复合材料原理:改变喷嘴材料或改变其表面材料使其不导热、耐变形等。

根据 No. 34 抛弃与修复原理:变形的喷嘴及时抛弃、使变形能自动修复等。

【思考与练习】回顾并感悟确定射击训练问题领域解的过程。

【延伸阅读】

如何使汽车安全气囊更安全[一]

使用安全气囊来保护汽车乘员的想法最先产生于美国。1953 年,第一个关于气囊的专利就诞生了。但由于技术水平的限制,直到 1980 年这种设想才在德国得以实现。之后据美国

[一] 原载《科技日报》2009 年 09 月 21 日,作者张明勤。

官方公布的数字，1986年至1997年，安全气囊共挽救了1828位美国人的生命。但同时发现，安全气囊对身体矮小的司机或乘客不但不能起到很好的保护作用，反而产生致命的有害作用，在上述同一时间段内，安全气囊造成了51人的死亡。

究其原因是，身体矮小的司机为了踩离合、制动及油门，身体距转向盘常常小于25cm的安全距离。汽车发生碰撞时，司机很容易与膨胀过程中的气囊相撞，膨胀过程中的气囊动能很大，像一个高速运动的刚体，极易造成驾乘人员头和颈部的伤害。

因此，美国政府曾推行低能量气囊，即延长气囊的充气时间，减少气囊爆出时的攻击性。减慢安全气囊膨胀的速度，可以保护身体矮小的司机与乘客，但汽车如果在高速运行时发生碰撞，各种身高的司机与乘客均高速前倾，如果气囊不能快速打开，驾乘人员就会碰撞到转向盘、仪表盘或风窗玻璃上，从而受到伤害。

如何才能使汽车安全气囊更安全呢？膨胀速度太快与太慢都不好！按照常规设计思想，要选取一个"折中"的、"适宜"的速度。现在让我们尝试应用TRIZ（萃智）理论来解决这一问题，TRIZ的核心思想是彻底解决冲突，反对"折中"策略。

让我们先来定义汽车安全气囊问题中的冲突：减少气囊能量可以减慢膨胀速度，减少驾乘人员与气囊碰撞所造成的伤害；但汽车高速行驶过程的碰撞，由于气囊未能及时膨胀将会带来更多的伤害。这种问题在TRIZ中称为技术冲突，即改善技术系统中某一参数时，导致了另一参数的恶化。针对这类问题，TRIZ建立了相应的问题模型与问题解决模型，所谓问题模型就是用39个通用工程参数来描述的具体问题，然后TRIZ提供了查找1500多对常见技术冲突解决办法的"搜索引擎"——冲突矩阵，冲突矩阵中有40条发明原理（即问题解决模型），并为每对典型冲突推荐了1～4条常用原理。

本文汽车安全气囊的问题模型可以用15号参数"运动物体作用时间"和31号参数"物体产生的有害因素"来描述。很快即可在冲突矩阵中查找到相应的发明原理有：No.21紧急行动、No.39惰性环境、No.16未达到或超过的作用、No.31多孔材料。发明原理为我们消除技术冲突提出了明确的建议：加快而不是减慢气囊的膨胀速度（紧急行动），使其完全膨胀后才出现驾乘人员与其碰撞的可能，同时最好使气囊的坚硬度能够自行调整，大能量膨胀（超过的作用）后，司机或乘客面部碰到气囊时，气囊表面能够自动"软化"（变为未达到的作用，产生惰性环境），且明确提示采用"多孔材料"，如果你是具备相关领域经验的专业工程师，是否会由此得出以下（或其他）解决方案：气囊侧面开设部分小孔，汽车发生碰撞时让气囊快速膨胀，而驾乘人员撞上气囊时，又可通过气囊上的小孔眼自行调整气囊的坚硬度。

第5章 TRIZ"结构桥"导引

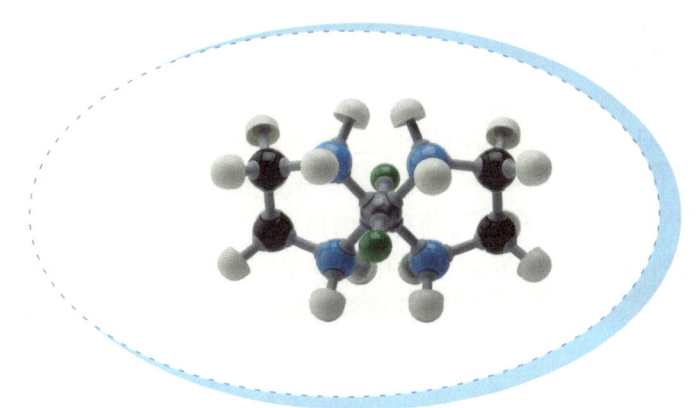

> 19世纪,能工巧匠就是发明家,他们用自己的双手制造了新机器。现代的发明家,首先是思想家,脑力劳动者。最重要的是——精细并且准确的智力作业。
>
> 优异的成果只能产生于高度发达的思维文明之中。
>
> ——G.S.Altshuller

问题 44 "结构桥"是如何构成的？

在创立了发明原理及冲突矩阵后，阿奇舒勒发现对于有些技术系统来说并不适用。这些技术系统的技术冲突或物理冲突常常并不明显，冲突参数也不好找，而问题还在。这类问题常常表现为系统中某两个部分（物质）之间的相互作用不能达到预期的效果，比如表现为作用不足、作用过度或作用有害等，致使系统功能不能完好地实现。一般这类问题可以用简练的语言加以描述，问题的约束或限制性条件也比较清楚，此时可以通过转换系统的组成结构，即通过"结构桥"求解此类问题。

"结构桥"是针对具有结构属性的创新问题的解决而构建的。它是应用标准解系统来解决问题的一系列程式化步骤，如图 5-1 所示。首先进行物质—场（Substance-Field）分析（简称物场分析），建立物质—场模型（简称物场模型），根据问题的约束性条件判断属于哪一类标准问题，然后利用 76 个标准解系统作为解决问题的模板，在三两步之内快速解决问题。

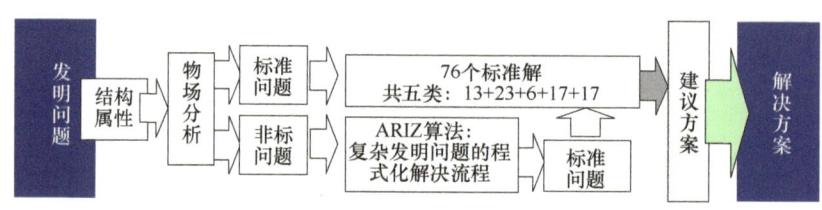

图 5-1　TRIZ "结构桥"

【案例】跳水保护问题。

当跳水运动员在跳水过程中发生失误时，身体以不当姿势坠入水中会造成伤害，如何避免事故发生呢？

该案例问题发生的时间、区域、条件非常清楚，表现为系统中的人和水（两种物质）在力（一种场）的作用下，在某种条件（运动员失误）发生时，产生了有害的作用。这类问题就可以通过"结构桥"求解。

问题 45 何为物场模型？

使用"结构桥"首先要对系统进行物场分析建立物场模型。

物场分析是 TRIZ 理论中的一种重要的问题描述和分析工具，用以建立与已存在的系统问题相联系的功能模型，在问题的解决过程中，可以根据物场模型所描述的问题，来查找相对应的一般解法和标准解法。

每个系统的出现都是为了实现某个确定的功能。产品是功能的实现。

阿奇舒勒通过对功能的研究，发现并总结出以下 3 条定律：

1）所有的功能都可以分解为 3 个基本元素，即两个物质 S_1、S_2 和一个场 F。
2）一个存在的功能必定由这 3 个基本元素组成。
3）将相互作用的 3 个基本元素进行有机组合将形成一个功能。

还记得本书开始提出的"钉钉子"的问题吧，图 5-2a 是业已存在的系统，系统的功能是"钉钉子"，其功能模型如图 5-2b 所示；"钉钉子"这一功能的实现显然需要有三个基本元素：两个物质——锤子和钉子，一个场——锤子和钉子之间的作用力。

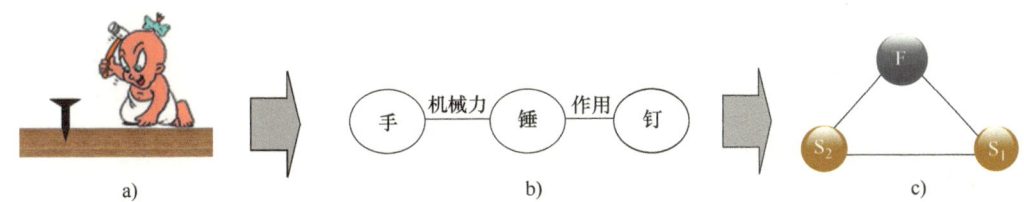

图 5-2 从功能模型到物场模型
a）实际系统 b）功能模型 c）物场模型

为方便表示，功能用一个三角形来进行模型化，如图 5-2c 所示，三角形的下边 2 个角分别表示两个物质 S1（锤子）、S2（钉子），上角表示场 F（机械力）。

其中：

S1 为物质 1，是一种需要改变、加工、发现、控制的作用对象，或称为"工件"、"产品"，即作用的承受者。

S2 为物质 2，是实现必要作用的"工具"，即作用的发出者。

F 为场，代表"能量"、"力"，是实现两个物质间的相互作用、联系和影响。常见的场有重力场、机械场、化学场、电场、磁场、光学场、热学场、声场、生物场等。

通常，任何一个完整的系统功能，都可以用一个完整的物场三角形进行模型化，这种由两个物质和一个场组成的与已存在的系统问题相联系的功能模型称为物场模型。

【思考与练习】试建立"磁性软纱门"和"跳水保护问题"的物场模型。

问题 46 常用物场模型有哪些？

如图 5-3 所示，常用物场模型有以下几种类型：

（1）不完整模型 实现功能的 3 个元素不全，可能缺场，也可能是缺少（工具）物质，如图 5-3a 所示。

（2）有效完整模型 实现功能的 3 个元素齐全，且有效实现功能，如图 5-3b 所示。

（3）效应不足的完整模型 3 个元素齐全，但功能未有效实现或实现得不足，如图 5-3c 所示。

（4）效应有害的完整模型 3 个元素齐全，但产生了有害的效应，需要消除这些有害效应，如图 5-3d 所示。

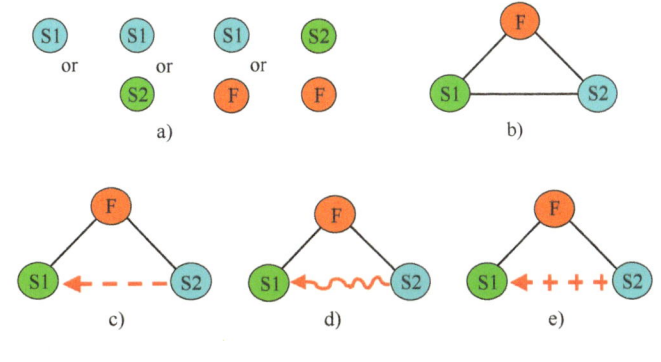

图 5-3 物场模型的类型

(5) 效应过度的完整模型　3 个元素齐全，但功能未有效实现或实现得过度，如图 5-3e 所示。

> 【思考与练习】"磁性软纱门"和"跳水保护问题"的物场模型属于哪一类？

问题 47　物场模型一般如何求解？

物场模型有 76 种标准解法和 6 种一般解法，6 种一般解法简介如下：

【一般解法 1】
- 解法内容　增加场或物质（补齐元素）。
- 适用模型　图 5-3a 所示的"不完整模型"。
- 具体解法　模型转换如图 5-4 所示：①补齐所缺失的元素，增加场 F 或工具 S2，使模型完整；②系统地研究各种能量场，如机械能、热能、化学能、电能、磁能。

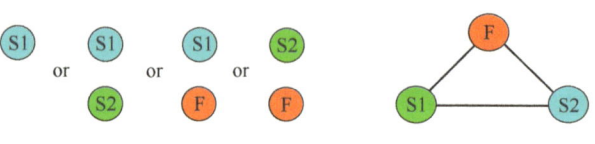

图 5-4　"不完整模型"的一般解法

- 应用案例　"加速器"是高能物理和核物理基础研究的重要手段，并在各领域有着广泛的应用。其原理是用高速带电粒子与被研究物质发生相互作用，但如何获得高速度的带电粒子呢？这个系统中只有两个物质，即带电粒子 S2 和被研究物质 S1，没有场 F，是一个不完整物场模型。引进电场，使带电粒子在电场作用下高速运动，系统功能即得以实现。试构建其物场模型，并图示其转换过程。

【一般解法 2】
- 解法内容　加入第三种物质（S3）来阻止有害作用。
- 适用模型　图 5-3d 所示的"效应有害的完整模型"。
- 具体解法　模型转换如图 5-5 所示。加入第三种物质 S3，S3 用来阻止有害作用。S3 可以是通过 S1 或 S2 改变而来，或者是 S1 和 S2 共同改变而来。
- 应用案例　揉面的时候面团与面板发生粘结的有害作用，加入面粉即可解决。试构建其物场模型，并图示其转换过程。

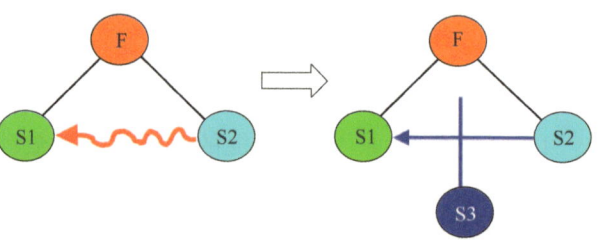

图 5-5　"效应有害的完整模型"的一般解法一

【一般解法 3】
- 解法内容　引入另外一个场 F2 来抵消原来场 F 的有害作用。
- 适用模型　图 5-3d 所示的"效应有害的完整模型"。
- 具体解法　模型转换如图 5-6 所示：①增加另外一个场 F2 来抵消原来有害场 F 的效应；②系统地研究各种能量场，如机械能、热能、化学能、电能、磁能。
- 应用案例　汽车下坡时若空挡滑行，汽车在重力作用下速度过快有危险，此时挂入低挡，利用发动机给汽车一个牵制力是不错的办法。试构建其物场模型，并图示其转换过程。

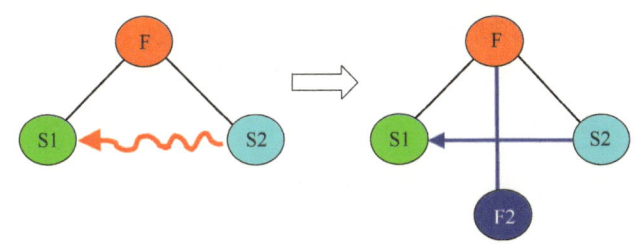

图 5-6 "效应有害的完整模型"的一般解法二

【一般解法 4】
- 解法内容　用另外一个场 F2 来代替原来场 F。
- 适用模型　图 5-3c 所示的"效应不足的完整模型"。
- 具体解法　模型转换如图 5-7 所示。
- 应用案例　用起重机装卸钢板时,用机械捆绑和普通吊钩操作不便,吊钩与钢板之间的有效作用不足,改用电磁吸盘则简便可靠。试构建其物场模型,并图示其转换过程。

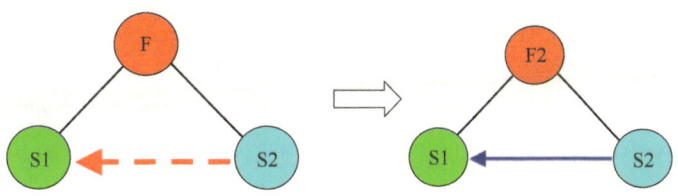

图 5-7 "效应不足的完整模型"的一般解法一

【一般解法 5】
- 解法内容　增加另外一个场 F2 来强化有用的作用。
- 适用模型　图 5-3c 所示的"效应不足的完整模型"。
- 具体解法　模型转换如图 5-8 所示:①增加另外一个场来强化有用的效应;②系统地研究各种能量场,如机械能、热能、化学能、电能、磁能。
- 应用案例　在大礼堂作报告时,报告人的声音对后面的听众作用不足,必须启用扬声器。试构建其物场模型,并图示其转换过程。

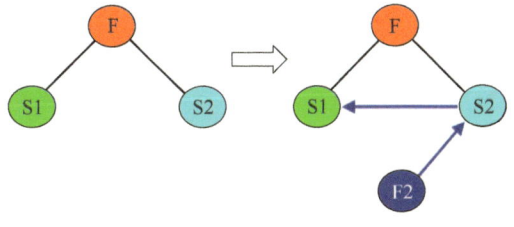

图 5-8 "效应不足的完整模型"的一般解法二

【一般解法 6】
- 解法内容　引入一个物质 S3 并加上另一个场 F2 来提高有用效应。
- 适用模型　图 5-3c 所示的"效应不足的完整模型"。
- 具体解法　模型转换如图 5-9 所示。

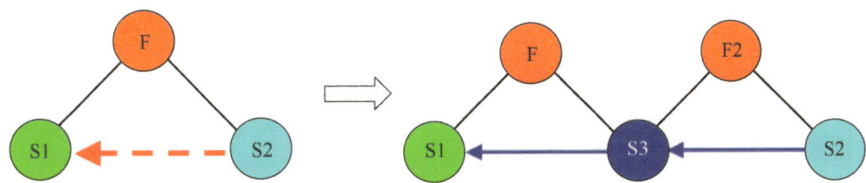

图 5-9 "效应不足的完整模型"的一般解法三

● **应用案例** 做清洁时只用水冲常常效果不好，如果加入清洁剂，并用力搓揉效果会好，如果再使用高温水，效果会更好。试构建其物场模型，并图示其转换过程。

【思考与练习】试用物场模型的一般解法分析"磁性软纱门"和"跳水保护问题"。

问题 48　系统的功能模型与物场模型有何区别？

不难发现，物场模型是技术系统的最小模型，是针对最小功能元建立的模型。而对于一个复杂的技术系统来说，显然包含多个物场模型。对整个系统建立的"物场模型"，我们称之为功能模型。

功能模型的建立是通过对用户需求的分析确定总功能，将其分解为分功能、功能元的过程。功能元由已知的部件、过程或子系统实现，或通过"头脑风暴"（brainstorming）等方法发现它们的解。功能结构是功能模型或功能分析结果的一种表达方式。

简单来说，功能模型是描述整个系统的组件及各组件间的相互作用；物场模型是描述系统中出现问题的两组件及其相互作用。

【案例】散热器的功能模型与物场模型。

图 5-10　散热器

图 5-10 是电子设备上常用的散热器；图 5-11 是散热器的功能模型；图 5-12 是针对散热器发生问题的部位建立的物场模型。

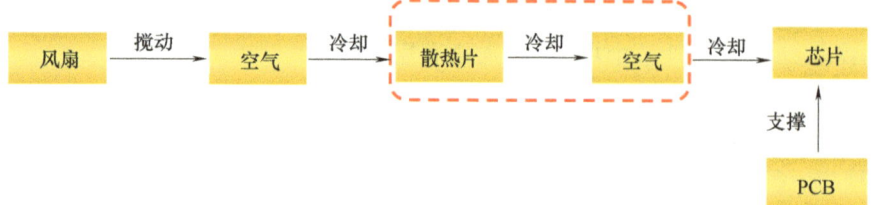

图 5-11　散热器的功能模型

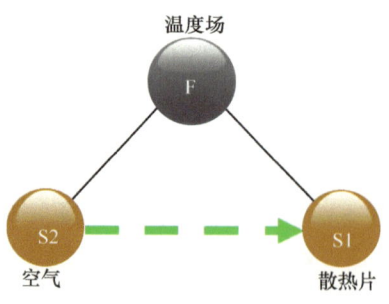

图 5-12　散热器问题的物场模型

问题 49　如何使用标准解系统？

1. 正确理解标准解系统

G. S. Altshuller 对大量的专利进行分析，把不同领域的技术问题和相应的解决方案用物场模型表示，他发现只要问题模型相同，解决方案的模型也相同，而无论问题来自哪个领域，如图5-13所示。

G. S. Altshuller 不仅提出了物场模型的6个一般解法，他还总结了76个标准问题的物场模型并给出相应的解决模型，称其为标准解系统，共分为如下五类：

第一类——基本物场模型的标准解系统，共13个。

第二类——强化物场模型的标准解系统，共23个。

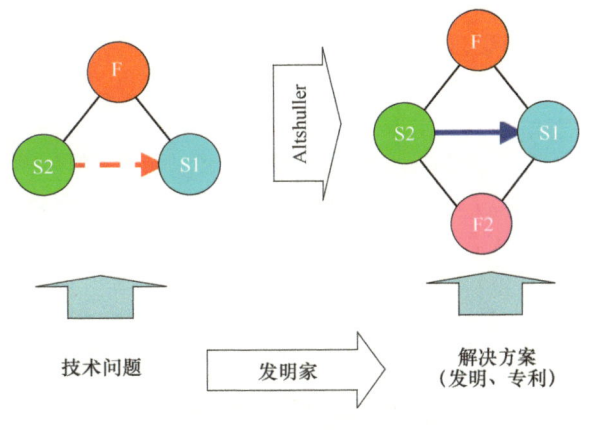

图5-13 标准解的发现

第三类——向双、多、超系统和微观类系统进化的标准解系统，共6个。

第四类——测量与检测的标准解系统，共17个。

第五类——简化与改善策略标准解系统，共17个。

五类76个标准解的解释见附录B。

2. 标准解系统的作用

标准解法是指不同领域发明问题的通用解法，具有应用的广泛性、一致性和有效性。标准解法是TRIZ理论研究技术系统转化和发展的工具之一，是通过物场模型来使设计人员能有序地进行解决发明问题的方法。标准解法是指对那些相当复杂的问题可以用简单的解决办法，不必通过筛选各种方案就能有针对性地解决问题。

3. 标准解的选用

标准解法共76个，数量庞大，可解决各种类型的问题。但同时给使用者带来的是另一方面的难题，如何快速找到合适的标准解法？尤其是初学者，更显得是一头雾水，不知从何处下手。而且，不恰当的选择，将导致问题解决者走上弯路而且百思不得其解，浪费了时间和精力，从而降低应用76个标准解解决问题的效率。所以，理清76个标准解法间的逻辑关系，掌握问题解决过程中标准解法的选择程序，是有效应用76个标准解法的必要前提。

应用标准解法来解决问题，如图5-14所示，可遵照下列四个步骤来进行：

第一步：确定所面临的问题类型。首先要确定所面临的问题是属于哪类问题，是要求对系统进行改进，还是要求对某件物体有测量或探测的需求。

第二步：如果面临的问题是要求对系统进行改进，则应按以下方法进行：

1）建立现有系统或情况的物场模型。

2）如果是不完整物场模型，尝试应用第一类标准解法中的1~8。

3）如果是有害效应的完整模型，尝试应用第一类标准解法中的9~13。

4）如果是效应不足的完整模型，尝试应用第二类标准解法中的23个标准解法和标准解法第三类中的6个标准解法。

第三步：如果问题是对某件东西有测量或探测的需求，应用第四类标准解法中的17个标准解法。

第四步：当获得了对应的标准解法和解决方案后，检查模型（实际是系统）是否可以

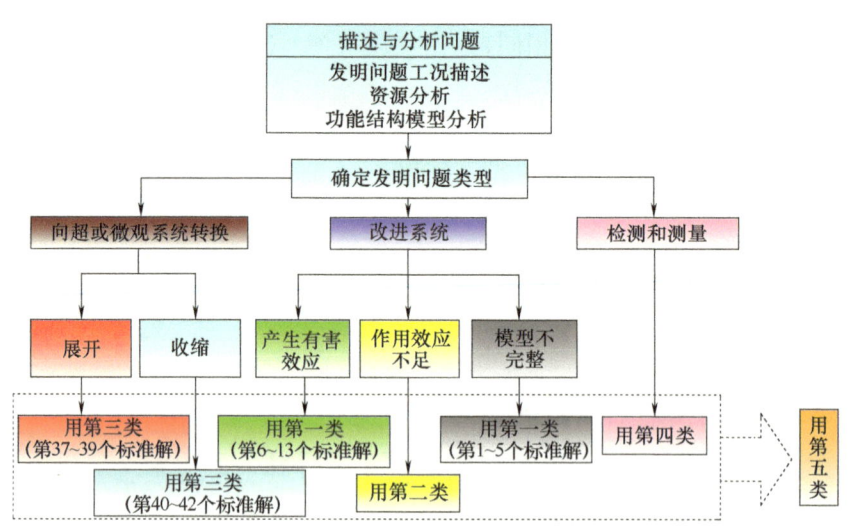

图 5-14　标准解法的应用

应用标准解法第五类中的 17 个标准解法来进行简化。标准解法第五类也可以被考虑为，是否有强大的约束限制着新物质的引入和交互作用。

在应用标准解法的过程中，必须紧紧围绕系统所存在问题的最终理想解，并考虑系统的实际限制条件，灵活进行应用，并追求最优化的解决方案。很多情况下，综合应用多个标准解法，对问题的解决彻底程度具有积极意义，尤其是第五类的 17 个标准解法。

【延伸阅读】

"磁性软纱门"是怎样发明的？[一]

你有受蚊蝇侵扰的经历与烦恼吗？你是如何防范蚊蝇侵扰的？

安装"纱门"是把蚊蝇"拒之门外"的简单有效的方法。在广大农村，常见的"纱门"是用木条制作框架，中间镶嵌上纱布，将这样的两扇门用铰链连接在门框上，再用扭簧或拉簧保持纱门自动闭合。这种方式经历了多少年，人们已经司空见惯，以至于忽视了它许多的缺点：制作安装复杂、难以标准化，因此难以商品化，不易购买；特别是这种方式使用时大开大合，蚊蝇常常"趁机而入"，不能起到很好的防范作用。

你听说过"磁性软纱门"吗？你用这五个字做关键词进行网上搜索，相关信息会铺天盖地。这一简单发明改写了"纱门"的历史，并已形成一个巨大的产业。这种纱门无刚性框架，两扇直接用纱布包边做成的软纱门，上面及两边固定在门框上，中间开缝处安装有磁条，两扇软纱门在磁条磁力作用下保持紧密闭合。人进出时，软纱门依据人体大小开启相应尺寸，人走过后瞬间自动闭合。软式设计外观新颖、出入方便、封闭良好、防蚊蝇效果好、可折叠、安装收藏方便，使其可以进入市场流通，从而彻底改变了传统纱门的生产营销方

[一] 原载《科技日报》2009 年 10 月 12 日，作者张明勤。

式，因此开辟了全新的软纱门产业。

目前"磁性软纱门"给发明人李先生带来每年几千万的产值，可是有谁知道这一简单发明花费了李先生十余年的心血。如果李先生不是用"试错法"，而是用 TRIZ（发明问题解决理论）来指导自己搞发明，结果会怎样呢？

李先生很早就想到要把纱门的刚性框架去掉，这符合产品结构"提高柔性"的进化趋势，可是这样两扇软纱门不能很好地闭合。如果你会应用 TRIZ 理论的"物场分析"模型，解决这种问题就变得非常简单。TRIZ 理论认为产品基本功能元可以描述为"两种物质和一个场"形式的物场模型，产品存在问题常常表现为两种物质之间存在不足、过度或有害的作用，TRIZ 理论针对常见的问题模型总结了 76 种标准解法。两扇软纱门不能很好闭合的原因，显然是这两种"物质（即软纱门）"之间的"场"作用不足，TRIZ 对于这类问题的解法是增加一种"场"，而最常用的就是"磁场"。根据这种提示，在两扇软纱门接缝处安装磁条，并进一步把刚性磁条转变为软磁条，就会很容易想到和做到，而不必反复尝试，做各种实验了。

第6章 TRIZ "功能桥"导引

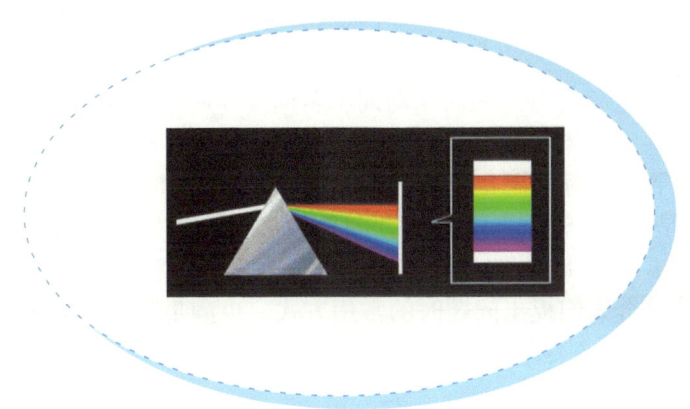

> 是的,按照旧的方法发明更容易,用锹翻地比操作挖掘机更简单。步行比驾驶汽车更容易。但是,任何动作的速度、效果、效率都需要用知识来换取。
>
> 发明也不例外。想要快速解决难题,就要学习、掌握"发明原理"和其他的知识。然而,对解决发明问题而言,重要的与其说是新知识,不如说是很好地组织驾驭它们。
>
> ——G.S.Altshuller

问题50 "功能桥"可以求解什么问题?

如何升高温度?
如何测量尺寸?
如何分离混合物?

诸如以上呈现"功能属性",关于如何做(How to)的问题可以通过"功能桥"来求解。

这类问题的标准表达形式为"如何+动词+名词(How to + V + O)",称之为"How to"模型。其中名词多为某一物体的性质或参数,如温度、尺寸、形状等。"How to"模型形式简单,与我们经常遇到的实际问题也比较接近,如"如何控制摩擦力"等。

"How to"模型是TRIZ理论当中的一种问题模型,这种模型是针对"如何做?"提出的,"How to"模型与TRIZ 1141四类模型中的其他三类问题模型相比,是最容易定义的一种问题模型,因为这符合人们提出问题时的常用方式,也满足了人们有了问题想直接得到答案的要求。所以,很多TRIZ专家在解决实际问题时,首先选择的就是"How to"模型与知识库这种解题方法。

问题51 "功能桥"是如何构成的?

所谓"功能桥"是针对呈现功能属性的发明问题寻求解决方案的程式化步骤,如图6-1所示,它是五座"TRIZ桥"之一,所体现的解题步骤如下:

1)分析待解决问题,明确要实现的功能。
2)用标准表达形式"如何做"描述问题,从30个标准"How to"模型中选择其一构建问题模型。
3)根据"How to"问题模型查找所对应的科学效应和现象。
4)根据科学效应及其应用示例,结合专业知识与领域经验得到问题解决方案,如图6-1所示。

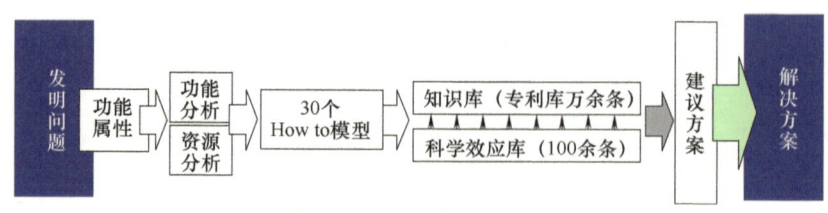

图6-1 功能桥

运用科学效应和现象解决实际问题的5个步骤如图6-2所示。

第一步:首先根据所要解决的问题,定义并确定解决此问题所要实现的功能。
第二步:根据功能从"功能代码表"(见表6-1)中确定与此功能相对应的代码,此代码是F1~F30中的其中一个。

第三步:从"功能与科学效应和现象对应表"(见附录 D)查找此功能代码下 TRIZ 所推荐的科学效应和现象,获得 TRIZ 推荐的科学效应和现象的名称。

第四步:筛选所推荐的每个科学效应和现象,优选适合解决本问题的科学效应和现象。

第五步:查找优选出来的每个科学效应和现象的详细解释,并应用于问题的解决,形成解决方案。

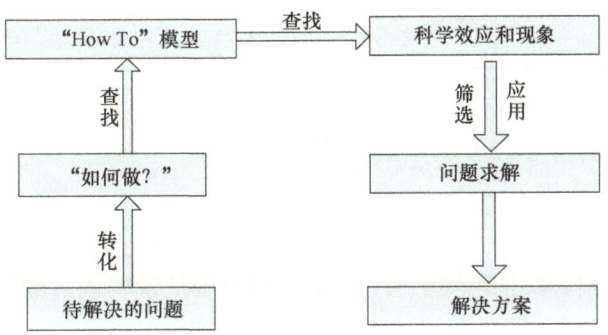

图 6-2　应用 How to 模型解决问题的步骤

问题 52　有哪些 How to 模型?

应用"功能桥"的关键是构建合适的"How to"模型作为问题模型,都有哪些标准的"How to"模型呢?在 TRIZ 理论中,经过 250 万份全世界发明专利的研究,将待解决的问题和所要实现的功能进行了归纳总结,提出了 30 个"How To"模型,见表 6-1。

表 6-1　How to 模型(功能代码表)

功能代码	实现的功能	功能代码	实现的功能	功能代码	实现的功能
F01	测量温度	F08	控制浮质(气体中的悬浮粒,如烟,雾等)的流动	F15	积蓄机械能与热能
F02	降低温度	F09	搅拌混合物,形成溶液	F16	传递能量
F03	提高温度	F10	分解混合物	F17	建立移动的物体和固定的物体之间的交互作用
F04	稳定温度	F11	稳定物体位置	F18	测量物体的尺寸
F05	探测物体的位移和运动	F12	产生/控制力,形成高的压力	F19	改变物体尺寸
F06	控制物体位移	F13	控制摩擦力	F20	检查表面状态和性质
F07	控制液体及气体的运动	F14	解体物质	F21	改变表面性质

（续）

功能代码	实现的功能	功能代码	实现的功能	功能代码	实现的功能
F22	检查物体容量的状态和特征	F25	探测电场和磁场	F28	控制电磁场
F23	改变物体空间性质	F26	探测辐射	F29	控制光
F24	形成要求的结构，稳定物体结构	F27	产生辐射	F30	产生及加强化学变化

问题 53　有哪些科学效应？

每个人自从接受教育以来，花费很多时间和倾注大量精力，学习和掌握了有关数学、物理、化学、生物等大量科学知识。但在工作中人们很少从发明创造的角度出发去思考已掌握知识的应用，甚至很多科学效应知识被人们逐渐遗忘了。

科学效应是科学原理、现象、定理和定律的集中表现形式和实施的必然结果。科学效应和现象的应用，对解决技术创新问题具有超乎想象的、强有力的帮助和支持。

迄今为止，人们总结了常用的科学效应有 1400 多个。在 TRIZ 理论中，G. S. Altehuller 经过对大量高水平的发明专利的研究，总结了应用最多的 100 个科学效应和现象，并把这 100 个科学效应和现象与前述 30 个 "How to" 模型对应起来，给人们的应用带来极大的便利。

100 个科学效应和现象见表 6-2。

表 6-2　100 个科学效应和现象

E1	X 射线（X-Rays）	E15	磁力（magnetic force）
E2	安培力（Ampere's force）	E16	磁性材料（magnetic materials）
E3	巴克豪森效应（Barkhausen effect）	E17	磁性液体（magnetic liquid）
E4	包辛格效应（Baushinger effect）	E18	单相系统分离（separation of monophase systems）
E5	爆炸（explosion）	E19	弹性波（elastic waves）
E6	标记物（markers）	E20	弹性形变（elastic deformation）
E7	表面（surface）	E21	低摩阻（low friction）
E8	表面粗糙度（surface roughness）	E22	电场（electric field）
E9	波的干涉（wave interference）	E23	电磁场（electromagnetic field）
E10	伯努利定律（Bernoulli's Law）	E24	电磁感应（electromagnetic induction）
E11	超导热开关（superconducting heat switch）	E25	电弧（electric arc）
E12	超导性（conductivity）	E26	电介质（dielectric）
E13	磁场（magnetic field）	E27	电-光和磁光现象［亦称古登-波尔和 Dashen 效应（Gudden-Pohl effects）］
E14	磁弹性（magnetostriction）	E28	电离（ionization）

（续）

E29	电液压冲压，电水压震扰（electrohydraulic shock）	E62	扩散（diffusion）
E30	电泳现象（phoresis）	E63	冷却（cooling）
E31	电晕放电（corona discharge）	E64	洛伦兹力（Lorentz force）
E32	电子力（electrical force）	E65	毛细现象（capillary phenomena）
E33	电阻（electrical resistance）	E66	摩擦力（friction）
E34	对流（convection）	E67	珀耳帖效应（Peltier effect）
E35	多相系统分离（separation of polyphase systems）	E68	起电（electrification）
E36	二级相变（phase transition-type Ⅱ）	E69	气穴现象（cavitation）
E37	发光（luminescence）	E70	热传导（thermal conduction）
E38	发光体（luminophores）	E71	热电现象（thermoelectric phenomena）
E39	发射聚焦（radiation focusing）	E72	热电子发射（thermoelectric emission）
E40	法拉第效应（Faraday effect）	E73	热辐射（heat radiation）
E41	反射（reflection）	E74	热敏性物质（heat-sensitive substances）
E42	放电（discharge）	E75	热膨胀（thermal expansion）
F43	放射现象（radioactivity）	E76	热双金属片（thermo bimetals）
E44	浮力（buoyancy）	E77	渗透（osmosis）
E45	感光材料（photosensitive material）	E78	塑性变形（plastic deformation）
E46	耿氏效应（Gunn effect）	E79	Thoms效应（Thoms effect）
E47	共振（resonance）	E80	汤姆逊效应（Thomson effect）
E48	固体的场致发光、电致发光（electroluminescence of solids）	E81	韦森堡效应（Weissenberg effect）
E49	惯性力（inertial force）	E82	位移（displacement）
E50	光谱（radiation spectrum）	E83	吸附（sorption）
E51	光生伏打效应（photovoltaic effect）	E84	吸收（uptake；absorption）
E52	混合物分离（separation of mixtures）	E85	形变（deformation）
E53	火花放电（spark discharge）	E86	形状（shape）
E54	霍尔效应（Hall effect）	E87	形状记忆合金（shape memory）
E55	霍普金森效应（Hopkinson effect）	E88	压磁效应（piezomagnetic effect）
E56	加热（heating）	E89	压电效应（piezoelectric effect）
E57	焦耳-楞次定律（Joule-lenz Law）	E90	压强（pressure）
E58	焦耳-汤姆逊效应（Joule-Thomson effect）	E91	液体/气体的压力（pressure force of liquid/gas）
E59	金属覆层滑润剂（metal-cladding lubricants）	E92	液体动力（hydrodynamic force）
E60	居里效应（Curie effect）	E93	液体和气体的压强（liquid or gas pressure）
E61	克尔效应（Kerr effect）	E94	一级相变（phase transition-type Ⅰ）

（续）

E95	永久磁铁（permanent magnet）	E98	振动（vibration）
E96	约翰逊-拉别克效应（Johnson-Ranbec effect）	E99	驻波（standing waves）
E97	折射（refraction）	E100	驻极体（dectrets）

30个How to模型与100个科学效应的对应关系见附录C。

第 7 章　TRIZ 发明原理导引

你可以等待 100 年获得顿悟，也可以利用这些原理 15 分钟解决问题。

——G.S.Altshuller

问题 54　如何使用分割原理？

所谓分割原理（Segmentation），就是指以虚拟方式或实物方式将一个系统分成若干部分，以便分解或合并成一种有益或有害的系统属性，也称为切割法。其具体表现为：
1）将物体分成相互独立的部分。
2）将一个物体分成容易组装和拆卸的部分。
3）增加物体的可分性。

【使用技巧】对将要分割的系统（物理形式的或概念形式的）进行分析和评价，以便对包含问题的部分进行分割或合并。它不仅适用于几何概念上的分割，也可用于非实体领域，如心理学上对概念的分割及合并。并且该原理可应用于所有不同的数量级：从纳米级到星系级。

【案例】如图 7-1 所示，这张椅子将椅座与靠背都分割得很细，使得透气性与弧度的弯曲度可以达到更大。

【思考与练习】百叶窗是不是应用了分割原理？请列举生活与工作中使用此原理的更多实例。

图 7-1　应用分割原理的椅子

问题 55　如何使用分离原理？

所谓分离原理（taking out），就是指以虚拟方式或实物方式，从整个系统中分离出系统的有用部分（或属性）或有害部分（或属性），也称为抽取法（Extraction）。其具体表现为：
1）从物体中抽出产生负面影响的部分或属性。
2）从物体中仅抽出必要的部分或属性。

【使用技巧】识别系统中的有用部分（或属性）或有害部分（或属性），并且在抽取后可增加系统的价值。寻求该部分或属性的具体特征，以便将其轻松抽取出来。抽取原理同样应用于非实物或虚拟情况。有时，被抽取部分在系统之外比在系统内具有更高的价值。

分离原理与分割原理非常相似，但具有重要的区别。两种原理均将整个系统分为若干部分，但分离原理是将一个或多个部分去除，所以又称为抽取法；而分割原理在整体分为部分后都保留使用。

【案例】如图 7-2 所示，用 X 射线作胸腔检查时，为了减少 X 射线对人体的伤害，采用一个特殊的铅屏，让射线只能照射到需要检查的部位。

【思考与练习】一般电气控制柜中都有变压器，变压器散发的热量影响电器元件工作，怎么办？请列举生活与工作中使用此原理的更多实例。

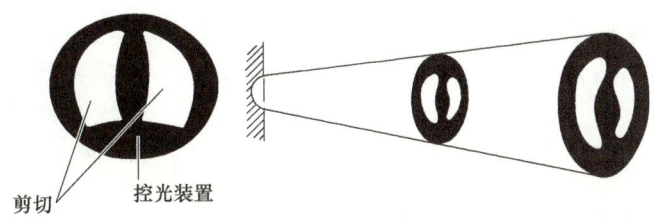

图 7-2　应用分离原理的铅屏

问题 56　如何使用局部质量原理？

所谓局部质量原理（Local Quality），就是指在某一特定区域内（局部的）改变某事物（气体、液体或固体）的特性，以便获得某种所需的功能特性，也称为局部质量改善法。其具体表现为：

1）将物体、外部环境或作用的均匀结构改变为不均匀结构。
2）物体的不同部分应当具有不同的功能。
3）使物体的各部分处于完成其功能的最佳状态。

【使用技巧】因为应用此原理时，一种特征对每一特定位置或时刻而言被构造为不均匀的或最优的，因此该原理称作"最优资源原理"更为合适。通过改变不同特征（特性）在不同地方（位置）、不同时刻（时间位置）的相互作用，可获得最优的功能。如大的钢部件工作时，某一特定区域易磨损，为降低磨损，对某一特定区域进行热处理（改变相互作用）；如在另一特定区域内钻孔，可以对此区域进行定点退火（软化）处理。

【案例】应用局部质量原理的超声波钻孔机如图 7-3 所示，超声波钻孔机的中间层采用热导率高的材料，外层采用耐磨的材料，打孔时可以降低设备的温度。

【思考与练习】怎样才能提高切削刃的硬度和耐磨性？请列举生活与工作中使用此原理的更多实例。

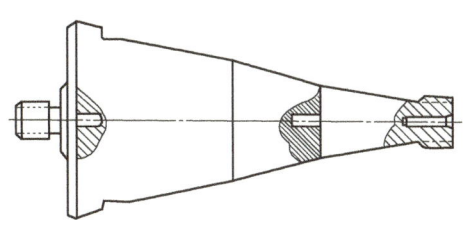

图 7-3　应用局部质量原理的超声波钻孔机

问题 57　如何使用不对称原理？

所谓不对称原理（Asymmetry），就是指涉及从各向同性到各向异性的转换，或是与之相反的过程。各向同性是指在对象的任一部位，沿任一方向进行测量都是对称的。而各向异性恰好相反，即在对象的不同部位或沿不同方向进行测量，所得结果是不同的，也称为非对称法。其具体表现为：

1）用非对称性代替对称性。
2）增加不对称物体的不对称程度。

【使用技巧】此原理可以用来减少材料用量、降低总重量、维持更为高效的物质流、改变平衡、更为有效的支持负载、确保正确的装配、对零件进行检测及定位、对零件进行整理等。

【案例】应用不对称原理的雨伞如图7-4所示，不对称雨伞打破了以往传统雨伞的圆形形状，既可以很好地照顾好背部，又可提高前面的视线条件。并且可以抵抗100km/h的强风，不被吹翻。

【思考与练习】汽车、轮船、飞机要转弯时，是怎么实现的？请列举生活与工作中使用此原理的更多实例。

图7-4　应用不对称原理的雨伞

问题58　如何使用组合原理？

所谓组合原理（Merging），就是指在系统的功能、特性或部分间建立一种联系，使其产生一种新的、期望的结果。通过对已有功能进行组合，可以生成新的功能，也称为组合法（Combining）。其具体表现为：

1）在空间上将其共性部分或相关部分的操作加以组合。
2）在时间上将其共性的部分或相关的操作进行组合。

【使用技巧】此原理需要考虑当前系统及其提供的性能或输出结果。通常，要改善实物系统的性能及输出结果，可将新材料或新技术引入旧系统中，以增强其有用功能。此原理可用于心理学或人力资源等学科中，以改变联系或是产生新的人力资源能力。

【案例】应用组合原理的冷热水龙头如图7-5所示，冷热水龙头不但可以提供冷水，还可以提供热水。设计巧妙，使用方便。

图7-5　应用组合原理的冷热水龙头

【思考与练习】如何用普通温度计测量昆虫的体温？请列举生活与工作中使用此原理的更多实例。

问题59　如何使用多用性原理？

所谓多用性原理（Universality），就是指使一个系统变得更加均质和综合，也称为一物多用法。其具体表现为：

一种物体能够起到多种不同的作用。

【使用技巧】多用性是一种普遍状态，包括：①特征、作用或状况在空间或时间上的均匀性；②将某一对象均匀用于不同目的；③将相同对象、作用或特征用于不同目的或以不同方式加以运用；④将相同需求或特征应用于不同对象、情况或作用等。

多用性还蕴涵了综合性，将多种功能综合在一种物体上，即可冲裁掉其他物件如一辆摩托车的车架，即可充当支架，又可充当燃油储存系统。

【案例】应用多用性原理的烟气报警门铃如图7-6所示，烟气报警门铃既可当成门铃使用，又可用作烟气报警，一物多用，方便实惠。

【思考与练习】采用一物多用原理，思考一下牙刷的把柄有几种用途？请列举生活与工作中使用此原理的更多实例。

图7-6 应用多用性原理的烟气报警门铃

问题60 如何使用嵌套原理？

所谓嵌套原理（Nesting），就是指采用一种方法将一个物体放入另一个物体的内部，或让一个对象通过另一个对象的空腔而实现嵌套，即彼此吻合、彼此组合、内部配合等，也称为套叠法。其具体表现为：

1）将一个物体嵌入另一个物体中，然后将这两个物体再嵌入第三个物体中，依次类推。

2）让某物体穿过另一物体的空腔。

【使用技巧】该原理需要考虑不同方向上（如水平、垂直、旋转或包容）的嵌套，来增加系统的功能或价值。在许多情况下，嵌套可用来节省空间、保护对象不受损伤，以及使某个过程或系统变得轻松。通过将具有不同功能的多个对象嵌套在同一个对象内，可以使该对象产生多种独特的功能。如瑞士军刀就是将多个工具嵌套在同一把刀具内，从而实现多种功能。

【案例】如图7-7所示，俄罗斯套娃就是采用嵌套原理将一个个带图案且空心的木娃娃套在一起，最多可达十多个，通常为圆柱形，底部平坦可以直立。它是俄罗斯特有的木质玩具。

【思考与练习】采用什么方式可以使大号旅行箱便于携带？请列举生活与工作中使用此原理的更多实例。

图7-7 应用嵌套原理的俄罗斯套娃

问题61 如何使用重量补偿原理？

所谓重量补偿原理（Anti-Weight），就是指以一种对抗或平衡的方式来减弱或消除某种效应，或纠正某种缺陷，或补偿过程中的损失，从而建立一种均匀分布形式，或增强系统其他部分的功能，也称为重量补偿或质量补偿法。其具体表现为：

1）将一个物体与另一个能提供升力的物体组合，以补偿其重量。

2）通过与环境（利用空气动力、流体动力或其他力等）的相互作用实现物体的重量补偿。

3) 通过系统所在环境提供的反向作用力来补偿系统内的任何有害属性。

【使用技巧】此原理可采用机械方式，利用空气、重力、流体等进行举升或产生补偿作用，从而抵消现有系统、超系统、环境中的非所需作用（像重量或力）。如，保时捷汽车后部的鲸尾尾翼（扰流板）可补偿在高速下产生的气动升力。该原理还可应用于商业问题、人际关系，或是其他学科如化学。检验各种抵偿、平衡、弥补、对抗、中和、矫正及反关联的方式。

【案例】如图7-8所示，气球条幅利用气球向上的升力，临时提起条幅。

图7-8　应用重量补偿原理的气球条幅

【思考与练习】如何利用补偿原理将一条电缆运到河的另一边？请列举生活与工作中使用此原理的更多实例。

问题62　如何使用预先反作用原理？

所谓预先反作用原理（Preliminary Anti-Action），就是指根据可能出现问题的地方，采取一定的措施来消除、控制或防止某些问题的出现，也称为预加反作用法。其具体表现为：
1) 预先施加反作用力，以抵消工作状态下不期望的过大应力。
2) 如果问题定义中，需要某种相互作用，那么事先施加反作用。

【使用技巧】此原理用来消除、控制或防止非所需功能、事件或状况的出现。如，在地毯及室内装饰品上面涂抹一些化学药品，防止其长时间变脏。预先了解可能出现问题的关键部位，对潜在问题进行模拟，并预先采取行动，来消除、控制或防止潜在问题的出现。如，可对平板拖车的平板预加应力（使之上拱），以便其实现更为高效的运输载荷。

【案例】如图7-9所示，通过预先改变普通胶水瓶的形状，使胶水更易汇聚于一角，方便取出。

【思考与练习】如何应用预先仅作用原理防止树木的腐烂？请列举生活与工作中使用此原理的更多实例。

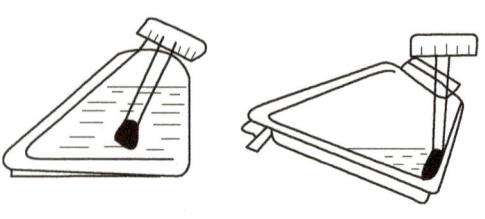

图7-9　应用预先作用的新型胶水瓶

问题63　如何使用预先作用原理？

所谓预先作用原理（Preliminary Action），就是指另一事件发生前，预先执行该作用的全部或一部分，也称为预操作法。其具体表现为：

1）预先对物体（全部或部分）施加必要的改变。
2）预先安置物体，使其在必要时能立即在最方便的位置发挥作用。

【使用技巧】该作用的应用通常是为了提高性能，以及增加安全性、维持正确的作用、减轻疼痛、简化事情的完成过程、增加智力、产生某种优点及使过程简单化，且在某一事件或过程以前施加。

【案例】图7-10所示为应用预先作用原理的石膏模，为了移除手臂上的石膏模而不弄伤皮肤，预先在石膏模中插入一个刀片。

【思考与练习】如何采用预先作用原理，使树木产生不同的颜色？请列举生活与工作中使用此原理的更多实例。

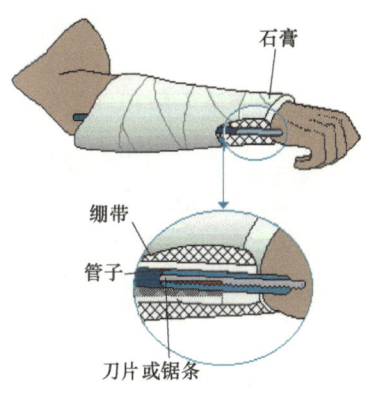

图7-10　应用预先作用原理的石膏模

问题64　如何使用预补偿原理？

所谓预补偿原理（Beforehand Cushioning），就是指对将要发生的事情，预先做好防范措施，以防止或降低危险的发生，也称为预防原理、事先防范原理或预先防范法。其具体表现为：

采用事先准备好的应急措施，补偿物体相对较低的可靠性。

【使用技巧】使用该原理时，必须承认没有任何事物是完全可靠的。一个简单系统的可靠性是能控制的，但是，对于复杂的大系统来说，则可能存在着不可接受的故障。若这些故障不能完全消除，则对可靠性预先防范或补偿是非常必要的。并且，还要事先防范具有高故障风险或高故障成本的情况。如，可以将家具制作成耐燃的，以在意外火灾中最大限度地减少损失。

【案例】如图7-11所示，急转弯处用旧轮胎来做缓冲，以降低事故的发生率。

图7-11　应用事先防范原理的急转弯处

【思考与练习】在高层建筑的火灾中是如何防止楼层间窜烟的？请列举生活与工作中使用此原理的更多实例，并综合应用以上原理改善你遇到的问题。

问题 65　如何使用等势性原理？

所谓等势性原理（Equipotentiality），就是指改变工作状态，以减少物体上升或下降的需要，也称为等势法或相对法。其具体表现为：

1）在一个系统或过程的所有点或方面建立均匀位势，以获得某种系统增益。
2）在系统之内建立关联，以支持相等位势。
3）建立连续或完全互联的关联及联系。

【使用技巧】该原理主要是以最低的能量消耗来实施一个过程，并使用各种方式，在整个过程或系统的所有点或方面获得相等的位势；或建立关联来支持均匀位势；或使其支持均匀位势，成为连续的或完全互联的位势。如公交车的车门底部与候车亭的地面相平，方便残疾人上下车。另外，依赖环境、结构或系统来提供所需资源，消除有害作用（不等位势）。

【案例】如图7-12所示，三峡大坝的五级船闸就是通过等势的原理使船只通行的。首先打开一端，船闸里的水位逐渐与外面相等，外面的船就可以开进船闸；然后再把这一端船闸关闭，而后打开另一端的船闸，船闸里的水逐渐与外面相等。船就可以开到另一端去了。

图 7-12　应用等势原理的三峡大坝五级船闸

【思考与练习】流水线上是怎样移动物品的？请列举生活与工作中使用此原理的更多实例，并综合应用以上原理改善你遇到的问题。

问题 66　如何使用反向原理？

所谓反向原理（Inversion），就是指施加一种相反（或反向）作用，上下颠倒或内外翻转，也称反向作用、反向功能或逆向运作法。其具体表现为：

1）用相反的动作代替问题定义中所规定的动作。
2）让物体或环境的可动部分不动，不动部分可动。
3）将物体上下或内外颠倒。

【使用技巧】该原理是 TRIZ 重要的创新思维之一：逆向思维。若某事物以一种特殊方式制造或执行，则设法一种"相反"方式来制造或执行，以避免固有的问题及缺陷。如，游泳练习池采用流动的水，这样练习者在游动的情况下，仍保持其相对位置是不动的。

【案例】如图 7-13 所示，跑步机就是应用反向原理，让跑带转动，跑步者保持其相对不动的位置。

【思考与练习】如何快速地清洗瓶子中的污物？请列举生活与工作中使用此原理的更多实例，并综合应用以上原理改善你遇到的问题。

图 7-13 应用反作用原理的跑步机

问题 67　如何使用曲面化原理？

所谓曲面化原理（Spheroidality-Curvature），就是应用曲线或球面属性取代线性属性，将线性运动用转动取代，使用滚筒、球或螺旋结构，也称为曲化法、类球面法。其具体表现为：

1）将物体的直线、平面部分用曲线或球面代替，变六面体或立方体结构为球形结构。
2）使用滚筒、球体、螺旋体结构。
3）利用向心力将线性运动变为圆周运动。

【使用技巧】此原理不仅与几何结构有关，还与表现形式为线性的事物有关。在各种情况及各个系统中寻找线性情况、关系、直线、平面及立方体形状，然后评价在改变为非线性状态后可以实现哪些新的功能。

【案例】如图 7-14 所示，洗衣机就是通过高速旋转，产生离心力来去除衣物上的水分。

【思考与练习】为什么用圆珠笔书写比钢笔书写流畅？请列举生活与工作中使用此原理的更多实例，并综合应用以上原理改善你遇到的问题。

图 7-14 应用曲面化原理的洗衣机

问题 68　如何使用动态化原理？

所谓动态化原理（Dynamics），就是指使系统的状态或属性成为短暂的、临时的、可动的、自适应的、柔性的或可变的，也称为动态特性法。其具体表现为：

1）调整物体的性质或外部环境，使其在工作的各个阶段都达到最佳效果。
2）将一物体分成能够改变相对位置的不同部分。
3）将非运动物体变为动态的，增加其运动性。

【使用技巧】该原理是关于可变性、可动性和自适应性的创新原理，经常用来处理与时间安排相关的问题。如何通过使系统变得更动态、使系统中的某些部分成为可动的、某些特征成为柔性的、使系统可兼容或可适应于不同的应用问题或环境，进而使得系统可获得更高的性能，使某个部分执行多种功能，或是为该部分增加更多特征，使几何结构成为柔性的、可动的、可自适应的。当相同的部分执行多种功能后会发生什么？对于一个往复运动的部分，则可以考虑使其旋转。

【案例】如图7-15所示，越野摩托通过灵活改变形态，适应各种高低起伏的地面。

图7-15　应用动态特性原理的越野摩托车

【思考与练习】为什么洗过的衣服晾在室外容易干？请列举生活与工作中使用此原理的更多实例，并综合应用以上原理改善你遇到的问题。

问题69　如何使用未达到或过度作用原理？

所谓未达到或过度作用原理（Partial or Excessive Actions），就是指运用"多于"或"少于"所需的某种作用或物质获得最终结果，也称为局部作用或过量作用法。其具体表现为：

如果所期望的效果难以100%实现，稍微超过或稍微小于期望效果，会使问题大大简化。

【使用技巧】该原理从获得最易获得的东西的角度思考，若有必要则寻找一种方式，以便在所需的一个或多个方向上进行一次或多次渐进性调整。在许多情况下，进行渐进式调整的最简单方法就是使用一种不同形式的能量（或多种不同形式能量的一种组合），能量可来自于机械场、热场、化学场、电场、磁场或电磁场等。例如，过度剂量的辐射是致命的，但是适当的辐射剂量可减缓恶性肿瘤的生长。

【案例】如图7-16所示，在人工降雨的过程中，

图7-16　应用未达到作用原理的人工降雨

为减少化学试剂的使用,仅向部分的云彩发射试剂即可。

【思考与练习】在油墨印刷时,如何使字迹更加清晰?请列举生活与工作中使用此原理的更多实例,并综合应用以上原理改善你遇到的问题。

问题 70　如何使用维数变化原理?

维数变化原理(Another Dimension),就是指改变线性系统的方位,使其从垂直变成水平、水平变成对角线或水平变成垂直等,也称为多维法。其具体表现为:

1)将物体变为二维(如平面)运动,以克服一维直线运动或定位的困难;或过度到三维空间运动以消除物体在二维平面运动或定位的问题。

2)单层排列的物体变为多层排列。

3)将物体倾斜或竖直放置。

4)利用物体的反面。

5)利用照射到邻近区域或物体背面的光线。

【使用技巧】该原理不仅涉及几何学,还包括新的、有影响的特性与(或)参数的增加、附加变量、新的相互作用及场等。对一个系统进行评价,以发现新的能够增加系统价值的变量,如改善空间的使用率、可达性等。找寻将新的变量,经过不同方向的变换以达到目的的方法。如果将一个对象转换到一个新的维度上还不能满足要求,则对其进行第二次或第三次转换。考虑使用一个表面或对象的另一个不同侧面。

【案例】如图7-17所示,将二维停车场变换为三维立体车库,以便增加容车率。

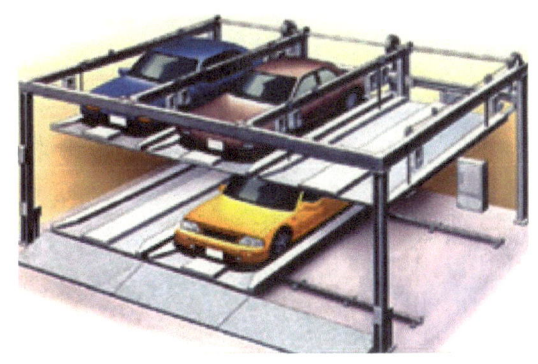

图7-17　应用空间维数变化原理的立体车库

【思考与练习】汽车开门时占用有效空间,而且存在不安全因素,你有何良策加以改善?请列举生活与工作中使用此原理的更多实例,并综合应用以上原理改善你遇到的问题。

问题 71　如何使用机械振动原理?

所谓机械振动原理(Mechanical vibration),就是指运用振动或振荡,以便将一种规则的、周期性的变化包含在一个平均值附近,也称为振动法。其具体表现为:

1）使物体处于振动状态。
2）如果已处于振动状态，提高振动频率直至超声振动。
3）利用共振频率。
4）用压电振动代替机械振动。
5）利用超声波振动和电磁场耦合。

【使用技巧】考虑多种方式，以运用振动或振荡；使一个物体发生振荡或振动；改变振动或振荡的程度（频率或振幅）；使频率改变到超声级别；利用一个物体的共振频率；将机械振动传递到压电振子；组合超声场（机械场）与电磁场；此原理不只针对机械振动，尤其是当本原理与"动态特性原理"或"周期性作用原理"组合时，如当电流由直流转变为交流的时候，可以产生多种新的特征，如电磁波、电磁感应等。

【案例】如图7-18所示，超声波探伤仪就是利用超声波在被检测材料中振动传播，材料的声学特性和内部组织的变化对超声波的传播产生一定的影响，通过对超声波受影响程度和状况的探测了解材料性能和结构变化的技术称为超声检测。

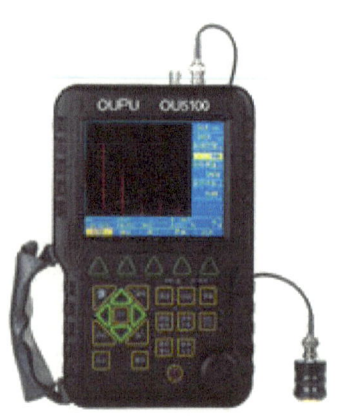

图7-18　应用机械振动原理的超声波探伤仪

【思考与练习】为什么修水泥路时需要用插入式振捣棒反复插入水泥中？请列举生活与工作中使用此原理的更多实例，并综合应用以上原理改善你遇到的问题。

问题72　如何使用周期性作用原理？

所谓周期性作用（Periodic Action），就是指改变施行作用的方式，可以达到所需的效果，也称为离散法。其具体表现为：
1）用周期性作用或脉冲作用代替连续作用。
2）如果已经是周期性作用，则改变其运动频率。
3）在脉冲周期中利用间隙来执行另一有用作用。

【使用技巧】若一种作用是连续的，则考虑使其变为周期性的或脉动的。若一种作用是周期性的或脉动的，则考虑改变其振幅或其频率然后考虑运用脉冲来改变作用。此外，考虑将均匀与随机模式作用于振幅及频率，以产生所需结果。

【案例】如图7-19所示，警车的警笛利用间歇性鸣叫，避免噪声过大，并且使人更加敏感。

【思考与练习】为什么脉冲加压的灌溉机喷出的水对土壤损害较小？请列举生活与工作中使用此原理的更

图7-19　应用周期性作用原理的警笛

多实例，并综合应用以上原理改善你遇到的问题。

问题 73　如何使用有效作用的连续性原理？

所谓有效作用的连续性（Continuity of Useful Action），就是指产生连续流与（或）消除所有空闲及间歇性动作，以提高其效率，也称为有效作用持续法。其具体表现为：

1）物体的各个部分同时满载持续工作，以提供持续可靠的性能。
2）消除空闲和间隙性动作。
3）将"往返"运动改为"旋转"运动。

【使用技巧】任何过渡工程，尤其是"从零开始"或使流中断的过渡过程，均可损害一个系统的效率。因此，搜寻动态系统的非动态时刻或已损失能量（动作）并将其消除。如，计算机应维持开机状态，避免不时地开机、关机，以延长硬盘的寿命。

【案例】如图7-20所示，喷墨打印机的打印机头在回程的过程中也执行打印。

【思考与练习】为什么用卷笔刀削铅笔比用小刀削得快？请列举生活与工作中使用此原理的更多实例，并综合应用以上原理改善你遇到的问题。

图 7-20　应用有效作用的连续性原理的喷墨打印机

问题 74　如何使用紧急行动原理？

所谓紧急行动原理（Rushing through），就是指某事物在一个给定速度下出现问题，则使其速度加快，即快速执行一个危险或有害的作业，以消除有害的副作用，也称为快速法、急速动作法、减少有害作用时间法。

其具体表现为：在高速下进行危险或有害的流程或步骤。

【使用技巧】评价在一个动作执行期间出现有害（或危险）功能、事件或状况的原因，寻找各种方式来改变速度。

【案例】如图7-21所示，在昏暗的环境中，照相机的闪光灯通过快速曝光获得清晰的照片，从而避免对人眼的伤害。

【思考与练习】如何经过一个浅水坑并保持鞋不湿？请列举生活与工作中使用此原理的更多实例，并综合应用以上原理改善你遇到的问题。

图 7-21　应用减少有害作用的时间原理的闪光灯

问题 75　如何使用变害为利原理？

所谓变害为利原理（Convert harm into benefit），就是指害处已经存在，寻找各种方式从中取得有用的价值，也称为变有害为有益法。其具体表现为：

1）利用有害的因素，特别是环境中的有害效应，来获取有益的结果。
2）将两个有害的因素相结合进而抵消有害因素。
3）增大有害因素的幅度直至有害性消失。

【使用技巧】"有害"或"有利"的定义是在某一时间点上，人为的解释需要根据不同的情况而改变。鉴别一个系统或一种情况的任何有害方面，确定怎样将无法使用的东西转变为可以使用的东西，以便提供价值。特别是，寻找对环境有消极影响的东西，如废弃的材料、能量、信息、功能、空间、时间等。考虑使一种有害作用与其他作用相结合从而将其消除，以便解决某一问题。若不能使损害降低到一个可以接受的较低水平，则可以尝试使其增大到不再构成问题的较高水平。比如，当一颗姿态优美的树木在风暴期间倒地后，可将其劈断做柴火。

【案例】如图 7-22 所示，在潜水过程中，为防止单独使用纯氧使人昏迷或中毒。因此，在纯氧中混入氮气，形成氮氧混合气体。

【思考与练习】史书记载，"孙敬字文宝，好学，晨夕不休，及至眠睡疲寝，以绳系头，悬屋梁"。又，"苏秦读书欲睡，引锥自刺其股"。"头悬梁锥刺股"的典故是否体现变害为利原理？请列举生活与工作中使用此原理的更多实例，并综合应用以上原理改善你遇到的问题。

图 7-22　应用变害为利原理的潜水用氮氧混合气体

问题 76　如何使用反馈原理？

所谓反馈原理（Feedback），就是指将一种系统的输出作为输入返回到系统中，以便增强对输出的控制，也称为反馈法。其具体表现为：

1）在系统中引入反馈，改善其系统性能。
2）如果已引入反馈，则对其进行改善。

【使用技巧】系统或情境中的任何信息的改变，均可被用来执行校正系统的行为。将任何有用或有害的改变均视为一种反馈信息源，若反馈已被运用，则寻找各种方式，来改变其幅度。

【案例】如图 7-23 所示，根据周围环境的变化自动调节路灯的亮度。

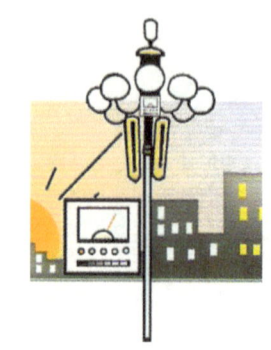

图 7-23　应用反馈原理的路灯

【思考与练习】音乐喷泉是怎样根据音乐变化而"翩翩起舞"的？请列举生活与工作中使用此原理的更多实例，并综合应用以上原理改善你遇到的问题。

问题 77　如何使用中介物原理？

所谓中介物原理（Mediator），就是指利用某种可轻松去除的中间载体、阻挡物或过程，在不相容的部分、功能、事件或情况之间经调解或协调而建立的一种临时链接，也称为中介法。其具体表现为：

1) 使中介物实现所需动作。
2) 临时把原物体与另一个容易去除的物体相结合。

【使用技巧】寻找与相关功能、事件与（或）情况不相容或不匹配的功能、事件与（或）情况，然后确定可以在不匹配系统之间充当链接（过程载体）的一个中介物，也可以在有害作用、对象、功能、特征等之间寻找中间阻挡物。

【案例】如图 7-24 所示，用托盘将热杯子托起，以免被烫伤。

图 7-24　应用中介物原理的托盘

【思考与练习】如何取出掉进深洞里的乒乓球？请列举生活与工作中使用此原理的更多实例，并综合应用以上原理改善你遇到的问题。

问题 78　如何使用自服务原理？

所谓自服务原理（Self-service），就是指在执行主要功能（或操作）的同时，以协助或并行的方式执行相关功能（或操作），也称为自助法。其具体表现为：

1) 物体通过执行辅助或维护功能而服务于自身。
2) 利用废弃的能源与物质。

【使用技巧】自服务是物理、化学或几何效应的一种结果，且在两个级别上起作用：主要功能和相关或并行功能。可利用或采用一个系统的基本功能来实现自服务或实现辅助服务。另外，自服务是测量（或检测）过程的一种功能，并且在测量过程后面会跟随一个反馈过程，以校正某种系统的不足。

自服务和反馈很难区分。因为自服务采用了某种反馈，但是却没有一个特定的"反馈系统"。例如，若我们需要一个放出干蒸汽的阀门，而不允许其放出水或湿蒸汽，则可以使用湿涨干缩的材料（如木头）。

【案例】如图 7-25 所示，应用自发电功能完成手电筒的充电和蓄电。

图 7-25　应用自服务原理的手电筒

【思考与练习】自动售货机是怎样提供售货服务的？请列举生活与工作中使用此原理的更多实例，并综合应用以上原理改善你遇到的问题。

问题79　如何使用复制原理？

所谓复制原理（Copying），就是指利用一个拷贝、复制品或模型来代替因成本过高而不能使用的事物，也称为复制法。其具体表现为：

1）用经过简化的、廉价的复制品代替不易获得的、复杂的、昂贵的、不方便的或易碎的物体。

2）可见光仪器可由红外线或紫外线仪器替代。

3）用光学复制品（图像）代替实物或实物系统，可以按一定比例放大或缩小图像。

【使用技巧】如果系统（或某种情况）缺乏可用性、成本过高或易损坏，就需要找到某种可用的、成本低的或耐用的复制品来代替，必须考虑改变复制物的比例。同时，不仅要考虑事物模型，还要考虑计算机模型、数学模型、流程图或其他能够满足要求的模拟技术。

【案例】如图7-26所示，应用卫星图片测量代替实地测绘。

图7-26　应用复制原理的卫星测绘

【思考与练习】用X射线对人体骨骼进行拍照，这对诊断疾病有什么用处？请列举生活与工作中使用此原理的更多实例，并综合应用以上原理改善你遇到的问题。

问题80　如何使用廉价品替代原理？

所谓廉价品替代原理（Disposable Objects），就是指运用廉价的、较简单的或较易处理的对象，以便降低成本、增强便利性、延长使用寿命等，也称为替代法。其具体表现为：

用便宜的物体代替昂贵的物体，同时降低对某些性能的要求（例如，工作寿命）。

【使用技巧】着重于将系统或情况之中的高成本材料（气体、液体、固体）替代成能提供所需结果的廉价材料。或者，用许多廉价材料替代高成本材料，这些廉价材料放置、分布或排列的方式可使其产生协同作用，从而提供所需特征。或者用低成本廉价的材料重复替代高成本材料。同时，寻找可替代复杂对象的简单对象。最后，考虑舍弃一些良好的特性或属性（如，长寿命）。考虑所有的系统、情况或功能——不单是机械的或化学的，如：能量、信息、人及过程。

【案例】如图7-27所示，一次性捕

图7-27　应用廉价替代品原理的一次性捕鼠器

鼠器是一个带诱饵的塑料管,老鼠通过圆锥形孔进入捕鼠器,孔壁是可伸直的,老鼠只能进,不能出。

【思考与练习】宾馆酒店等公共服务场所哪些物品使用了此原理?哪些物品还可以应用此原理进一步改善?请列举生活与工作中使用此原理的更多实例,并综合应用以上原理改善你遇到的问题。

问题 81　如何使用机械系统替代原理?

所谓机械系统替代原理(Mechanics Substitution),就是指利用物理场或其他的形式、作用和状态来代替机械的相互作用、装置、机构及系统,也称为系统替代法。其具体表现为:

1) 用光学系统、声学系统、电磁学系统或影响人类感觉的系统来代替机械系统。
2) 运用电场、磁场、电磁场和一物体相互作用。
3) 用运动替代静止场,时变场代替恒定场,结构化场代替非结构化场。
4) 利用磁性物质的场作用。

【使用技巧】首先用物理场替代某机械相互作用、装置、机构或系统。某一个系统已被替代,当不能提供应有的功能时,则此原理可提供多种可能性来进行附加改变。

若替代的机械系统不存在,考虑是否可通过利用某种生物(人、动物、昆虫、植物等)感觉来实现替代:视觉——光学,听觉——声音,嗅觉——气味或是味觉。

在替代时运用某一或某些物质或对象相互作用的热场、化学场、电场、磁场或电磁场或是他们的任意组合。

另外,需考虑由恒定场转变为可变或可动场,以及由非结构化场转变为结构化场。并且,考虑利用场来合并具有活性的物质——气体、液体以及固体。

非物理系统中,需从概念、价值或属性替代方面进行思考。

【案例】如图 7-28 所示,感应器通过磁场感应手机的信号进行闪烁,获知手机来电。

【思考与练习】如何检测煤气等无色无味气体的泄漏?请列举生活与工作中使用此原理的更多实例,并综合应用以上原理改善你遇到的问题。

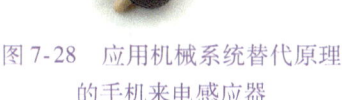

图 7-28　应用机械系统替代原理的手机来电感应器

问题 82　如何使用气压和液压结构原理?

所谓气压和液压结构原理(Pneumatics and Hydraulics),就是指运用空间或液压技术来替代普通系统元件或功能,也称为压力法。

其具体表现为:将物体的固体部分用气体或液体代替,如充气结构、充液结构、气垫、液体静力结构和液体动力结构等。

【使用技巧】该原理利用系统的可压缩性或不可压缩性的属性，改善系统。空气及液体的属性在系统中具有许多用途，能否用一个气动或液压元件替代一个易出故障的元件？通过使用气体或液体能否产生一种更好的结果？系统中是否包含具有可压缩性、流动性、弹性及能量吸收等属性的元件？

【案例】如图7-29所示，液压钳利用液压结构增加夹紧力。

图7-29　应用液压结构原理的液压钳

【思考与练习】当汽车发生事故时，如何增加乘客的安全性？请列举生活与工作中使用此原理的更多实例，并综合应用以上原理改善你遇到的问题。

问题83　如何使用柔性壳体或薄膜原理？

所谓柔性壳体或薄膜原理（Flexible membranes and Thin film），就是指将传统构造替代为薄膜或柔性、柔韧壳体构造。或利用薄膜或柔韧壳体使对象与其环境隔离，也称为柔化法。其具体表现为：

1）使用柔性壳体或薄膜代替通常结构。
2）使用柔性壳体或薄膜，将物体与环境隔离。

【使用技巧】在一个采用传统构造的系统内，哪些类型的薄膜或柔性壳体构造能改进工艺、降低成本或提高可靠度？怎样将一个物体与其环境隔离，能否提供一种解决方案？怎样才能利用薄膜或柔性、柔韧壳体执行该任务？同时，要考虑运用薄的对象代替厚的对象。比如，眼镜上覆的硬膜可防止出现划痕，且有颜色，保护眼睛，阻挡紫外线。

【案例】如图7-30所示，利用保鲜膜对食品进行保鲜，防止其变质或腐烂。

图7-30　应用柔性壳体或薄膜原理的保鲜膜

【思考与练习】如何提高白炽灯灯泡的抗冲击性？请列举生活与工作中使用此原理的更多实例，并综合应用以上原理改善你遇到的问题。

问题84　如何使用多孔材料原理？

所谓的多孔材料原理（Porous Materials），就是指通过在材料或对象中打孔、开空腔或通道来增强其多孔性，从而改变某种气体、液体或固体的形态，也称为孔化法。其具体表现为：

1）使物体变为多孔或加入多孔物质，如多孔嵌入物或覆盖物。

2）如果物体是多孔结构，在小孔中事先填入某种物质。

【使用技巧】通过产生孔穴、气泡、毛细管等，来增强介质的多孔性。这些孔隙可不包含任何实物粒子，可以是真空的，也可以充满某种能够提供一种或多种有用功能的气体、液体或固体。多孔性还可存在于许多级别上，从微观到宏观（钻制孔或蜂窝结构）。采用多孔结构可增强其功能，如多孔性可减轻重量、传送冷却流、供给气流、充当过滤器等。

该原理不仅可应用于机械系统，还可应用于任何多孔资源物质、空间、时间、信息、场或功能。如，信息是多孔的，时间是多孔的等。

【案例】如图7-31所示，利用药棉的多孔性浸蘸药水擦拭伤口，防止伤口感染。

【思考与练习】如何使爆米花松软香脆、可口易食？请列举生活与工作中使用此原理的更多实例，并综合应用以上原理改善你遇到的问题。

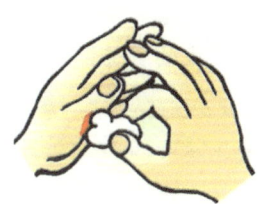

图7-31 应用多孔材料原理的药棉

问题85 如何使用改变颜色原理？

所谓改变颜色原理（Color Changes），就是指通过改变对象或系统的颜色，来提升系统的价值或解决检测问题，也称为色彩法。其具体表现为：

1）改变物体或环境的颜色。
2）改变物体或环境的透明度。
3）在物体中添加颜色，用以观察难以看到的物体或过程。
4）如果已经添加了颜色，则考虑增强发光追踪或原子标记。

【使用技巧】改变系统或部件颜色，以便区别多种系统特征。如何通过改变颜色来促进检测，改善测量或标识位置？可以检测哪些问题？可以指示哪些状态的改变？可以对哪些能力进行目视控制？可以掩盖哪些问题？

【案例】如图7-32所示，通过荧光照射纸币显示不同的颜色来辨别其真假。

图7-32 应用颜色改变原理的纸币真假的辨别

【思考与练习】如何观察绷带内的伤口？请列举生活与工作中使用此原理的更多实例，并综合应用以上原理改善你遇到的问题。

问题86 如何使用同质性原理？

所谓同质性原理（Homogeneity），就是指若两个或多个对象或两种或多种物质彼此相互作用，则其应包含相同的材料、能量或信息，也称为均质化法。

其具体表现为：和主要物体相互作用的物体应该用相同材料或特性相近的材料制成。

【使用技巧】应用该原理时，首先确定采用均质材料的可能性，再寻找各种作用、对象、特征及功能中的均质性，同时，对改变的技术性与非技术性方面同时进行寻找。寻找各种方式，以便将此原理应用于所有级别的材料、能量、信息及相互作用中。

边际均质性是指一种或多种材料之间的等同性（显著性差异的缺乏性）即两种材料或属性足够接近，一致不会产生大的害处。

【案例】如图 7-33 所示，用金刚石制造的钻石切割工具，切割时产生的粉末可以回收。

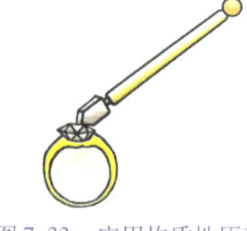

图 7-33　应用均质性原理的金刚石切割工具

【思考与练习】镶假牙时在什么地方应用了均质性原理？请列举生活与工作中使用此原理的更多实例，并综合应用以上原理改善你遇到的问题。

问题 87　如何使用抛弃与修复原理？

所谓抛弃与修复原理（Discarding and Recovering），就是指抛弃原理和修复原理的结合。抛弃是指从系统中去除某物，修复是将某事物恢复到系统中以进行再利用，也称为自生自弃法。其具体表现为：

1）当物体中的某个元素完成其功能或变得不再有用时，可采用溶解、蒸发等手段来消除它，或在系统运行过程中改变它。

2）在工作过程中补充被消耗的部分。

【使用技巧】时间在此原理的利用中起到至关重要的作用，一旦某种功能已完成，立即将其从系统中去除，或者立即对其进行恢复以进行再利用。

寻找各种方式来改变系统，以便其仅包含绝对必要的东西。可对什么进行去除或恢复可以减少尺寸？何种力量是关键的，可对什么进行削弱，以对什么进行了超阈度设计？是否存在过多的（多于绝对必要的）支持？可对哪些功能进行消除或组合（再利用）？是否存在可进行去除、组合或再循环的物质？考虑废物是怎样在系统中产生的或怎样从系统中去除的，是即时的还是有延迟的？能否使产生或去除的时间与系统中其他地方需要该对象的时间相协调？

【案例】如图 7-34 所示，火箭升空过程中，当推进器的燃料耗尽后，推进器立刻与火箭脱离。

【思考与练习】如何降低一次性餐具、塑料等对环境的污染？请列举生活与工作中使用此原理的更多实例，并综合应用以上原理改善你遇到的问题。

图 7-34　应用抛弃原理的火箭

问题88　如何使用参数变化原理？

所谓参数变化原理（Parameter Changes），就是指通过改变一个对象或系统的属性（物理或化学参数），来提供一种有用的益处，也称为性能转换法。其具体表现为：
1）改变系统的物理状态。
2）改变浓度或密度。
3）改变柔性。
4）改变温度或体积。

【使用技巧】对象或系统的属性是指对象的物理或化学状态、密度、导电性、机械柔性、温度、几何结构等。

利用几何变化、温度变化、化学变化来改变对象或系统的属性。而利用密度或导电性的改变来传送系统的相关信息。

要明白用户需求是什么，系统中有哪些资源（属性）可以用来满足这种需求，以及这些属性与所期望的新功能之间存在什么样的联系？

【案例】如图7-35所示，通过改变固体肥皂的物理状态，将其转换为液体肥皂（洗手液），既增加了舒适度，又增加了肥皂的利用率。

图7-35　应用物理或化学参数改变原理的洗手液

【思考与练习】酒心巧克力是怎样制作成的？请列举生活与工作中使用此原理的更多实例，并综合应用以上原理改善你遇到的问题。

问题89　如何使用相变原理？

所谓相变原理（Phase Transitions），就是指利用一种材料或情况的相变，来实现某种效应或产生某种系统的改变，也称为形态改变法。其具体表现为：

利用物质相变时产生的某种效应，如体积改变、吸热或放热。

【使用技巧】典型的相变包括：
1）气体到液体，以及相反过程。
2）液体到固体，以及相反过程。
3）固体到气体，以及相反过程。

这些相变常用于产生气溶胶、吸收或释放热量、改变体积，以及产生一种有用的力。

【案例】如图7-36所示，宇宙飞船的保护层可以部分气化，以保护宇宙飞船不致过热。

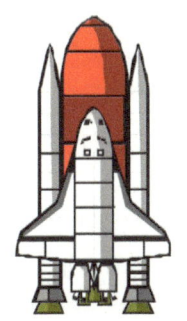

图7-36　应用相变原理的宇宙飞船保护层

【思考与练习】怎样利用水进行无声爆破？请列举生活与工作中使用此原理的更多实例，并综合应用以上原理改善你遇到的问题。

问题 90　如何使用热膨胀原理？

所谓热膨胀原理（Thermal Expansion），就是指利用对象的受热膨胀原理将热能转换为机械能或机械作用，也称为热膨胀法。其具体表现为：
1）利用材料的热膨胀或热收缩。
2）组合使用不同热膨胀系数的几种材料。

【使用技巧】该原理就是将一种形式的能量转换成另一种形式的能量，以便产生某种特定的结果。

确定系统中材料的种类及各种材料是否受温度变化的影响？如受影响，则热量诱导产生的变化怎样来提供所需功能？

确定热膨胀的方向是正向或负向。找出利用热量使材料膨胀或收缩的各种方式。同一热源使一种材料膨胀时，能否使系统内的另一种材料收缩？将热源去除后，系统内会发生什么样的变化？能否利用此种变化？

该原理是常用于线性的热膨胀或收缩，但运动范围并不仅限于热场。因此，需要考虑如何利用其他类型的环境场引起变化。如系统在重力、气压、海拔或光线等因素的作用下会产生哪些效应？另外，还可扩展思维范围，如社会现象、思维现象等。

【案例】如图 7-37 所示，热敏开关就是利用两片金属不同的热膨胀系数，对温度产生不同的敏感程度，从而使金属薄片发生不同程度的弯曲，实现温度的控制。

【思考与练习】如何产生制造人造金刚石所需要的超高压？请列举生活与工作中使用此原理的更多实例，并综合应用以上原理改善你遇到的问题。

图 7-37　应用热膨胀原理的热敏开关

问题 91　如何使用加速强氧化原理？

所谓加速强氧化原理（Strong Oxidants），就是指通过加速氧化过程或增加氧化作用强度，来改善系统的作用或功能，也称为逐级氧化法。

其具体表现为：利用一级向更高一级的氧化转换。
1）从空气到富氧空气。
2）从富氧空气到纯氧。
3）从纯氧到离子态氧。
4）从离子态氧到臭氧化氮。
5）从臭氧化氮到臭氧。
6）从臭氧到单态氧。

【使用技巧】寻找各种使用氧化剂的特殊方法，以便增加系统内部的价值。确定氧化剂当前的水平，然后评估提高氧化水平可产生的影响。

确定系统当前的氧化水平，考察各种氧化方式对系统产生的结果，直到获得最佳的氧化效果为止。

可从化学的角度更加深入地考虑此原理；也可从更加抽象的观点来看待该问题，建立（创造）更加活跃的、活性更高的特性形式（种类、变形、变体），建立更加活跃的、活性更好的作用、对象或方法。

在非物理系统中，"氧化剂"可以是能够导致过程加速或失衡的任何从外部引入的环境。

【案例】如图7-38所示，用高压纯氧杀灭伤口处的细菌。

【思考与练习】由于鸡蛋表面易损伤，应采取什么方式进行长期保存？请列举生活与工作中使用此原理的更多实例，并综合应用以上原理改善你遇到的问题。

图7-38 应用加速氧化原理的伤口灭菌

问题92 如何使用惰性环境原理？

所谓惰性环境原理（Inert Atmosphere），就是指制造一种中性（惰性）环境，以便支持所需功能，也称为惰性环境法。其具体表现为：

1）用惰性环境代替通常环境。
2）添加惰性或中性添加剂到物体中。
3）在真空中完成某种操作。

【使用技巧】该原理使用时，首先要了解系统的相关风险——是什么妨碍了所需功能的实现？确定哪些东西是需要保护的，并为相关参数提供一种惰性环境。

考虑各种可用的环境类型：真空、气体、液体或固体。固体惰性环境包括中性涂层、微粒或要素，还必须确定需要的是全封闭环境还是局部环境。

不仅要考虑化学惰性环境，还要考虑"不产生有害作用的环境"。

对非自然系统而言，如何制造一个"惰性环境"以支持所需功能？

【案例】如图7-39所示，在霓虹灯的灯泡内充入氩气等惰性气体，来防止灯丝的氧化。

图7-39 应用惰性环境原理的霓虹灯

【思考与练习】为防止或减少细菌的生存繁殖，应怎样保存食品？请列举生活与工作中使用此原理的更多实例，并综合应用以上原理改善你遇到的问题。

问题93 如何使用复合材料原理？

所谓复合材料原理（Composite Materials），就是指通过将两种或多种不同的材料（或服务）紧密结合在一体而形成复合材料，也称为复合材料法。其具体表现为：

用复合材料代替均质材料。

【使用技巧】该原理宽泛的理解为改变材料的成分。"复合材料"可以指高科技材料，也可指情境。

确定某特定问题的结构与（或）情境是非常重要的。如果材料或情境是均质的，那么，在保持作用、对象或特征（或其他条件）等条件不变的情况下，可以将其变为多层的结构，并考虑由此产生的影响。也可考虑（向材料中）加入纤维结构，或在该情境的群体中加入不同类型的人员。

如果结构或情境已是分层的，但是某些层是均质的，则可以考虑如何改变这些层，使其由均质变为不均质，即发明原理33"均质性原理"的反原理。

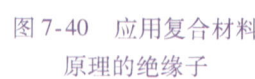

图 7-40　应用复合材料原理的绝缘子

【案例】如图 7-40 所示，绝缘子通常采用多种材料的复合，达到减小绝缘子重量及增加其绝缘性的功效。

【思考与练习】碳纤维、玻璃纤维的应用会带来哪些变化？复合型人才的培养与成长需要注意哪些问题？请列举生活与工作中使用此原理的更多实例，并综合应用以上原理改善你遇到的问题。

第 8 章　TRIZ 进阶导引

发明者常常会用到两到三个熟练掌握的方法。最熟练的发明者会使用五到七个。TRIZ 理论扩充了创造方法资源,包括几十个方法,共同构成解决问题的合理系统……

——G.S.Altshuller

问题 94　发明问题有等级吗？

G. S. Altshuller 通过分析大量专利发现，各国家不同的发明专利及其所解决的科学技术问题，内部蕴含的科学知识、技术水平都有很大的区别和差异。以往，在没有分清这些发明专利或发明问题的具体内容时，很难区分出不同发明专利的知识含量、技术水平、应用范围、重要性、对人类的贡献大小等问题。因此，应该把发明专利或发明问题依据其对科学的贡献程度、技术的应用范围以及为社会带来的经济效益等情况，划分一定的等级加以区别，以便更好地推广应用。TRIZ 理论将发明专利或发明问题按照创新程度从低到高依次分为以下五个等级。

第 1 级：最小型发明，属于通常的设计问题，或对已有系统的简单改进。在单独的组件中进行少量的变更，这些变更不会影响到系统的整体结构。查找解决方案时，并不需要任何相邻领域的专门技术或知识。特定专业领域的任何专家，基本都能找到这样的解决方案。如用厚隔热层减少建筑墙体的热量损失，用承载量更大的重型卡车替代轻型卡车，以实现运输成本的降低。

第 2 级：小型发明，通过解决一个技术冲突对已有系统进行少量改进。系统中一个组件发生部分变化，通过与同类系统的类比可找到该解决办案。这一类问题的解决主要采用行业内已有的理论、知识和经验即可实现。解决这类问题的传统方法是折中法。如在焊接装置上增加一个灭火器、可调整的转向盘等。

第 3 级：中型发明，对已有系统的根本性改进。系统中几个组件可能出现全面变化，而其他组件只发生部分改变。这一类问题主要采用本行业以外的已有方法和知识解决该问题，设计过程中要解决冲突。如汽车上用自动传动系统代替机械传动系统，电钻上安装离合器，计算机上用的鼠标等。

第 4 级：大型发明，采用全新的原理完成对已有系统基本功能的创新。这一类问题的解决主要是从科学的角度而不是从工程的角度出发，充分控制和利用科学知识、科学原理实现新的发明创造。如第一台内燃机的出现，集成电路的发明，充气轮胎，记忆合金制成锁，虚拟现实。

第 5 级：特大型发明，罕见的科学原理导致一种新系统的发明、发现，并由此催生了全新的工程领域。这一类问题的解决主要是依据自然规律的新发现或科学的新发现。如计算机、形状记忆合金、蒸汽机、激光、晶体管的首次发明。

发明创造的级别越高，获得该发明专利时所需的知识就越多，这些知识所处的领域就越宽，搜索有用知识的时间也越长。同时，随着社会的发展、科技水平的提高，发明创造的等级随时间的变化而不断降低，最初的最高级别的发明创造逐渐成为人们熟悉和了解的知识。发明问题的等级划分及知识领域见表 8-1。

由表 8-1 可以发现：95% 的发明专利是利用了行业内的知识；只有少于 5% 的发明专利是利用了行业外的及整个社会的知识。因此，如果企业遇到技术冲突或问题，可以先在行业内寻找答案；若不能解决，再向行业外拓展，寻找解决方法。若想实现创新，尤其是重大的发明创造，就要充分挖掘和利用行业外的知识，正如管理大师皮特德鲁克所言"创新设计所依据的科学原理往往属于其他领域"。

表 8-1　发明问题的等级划分及知识领域

发明创造级别	创新的程序	比　例	知 识 来 源	参考解的数量
1	明确的解	32%	个人的知识	10
2	少量的改进	45%	公司内的知识	100
3	根本性的改进	18%	行业内的知识	1000
4	全新的概念	4%	行业以外的知识	10000
5	发现	<1%	行业以外的知识	10000

问题 95　如何综合应用"TRIZ 桥"?

针对以上五类发明等级，TRIZ 理论提供了图 1-7 所示的"五座创新桥"、"七类工具包"等相应的创新方法和工具支持。对于第一、二等级的简单发明问题，采用 40 个创新原理和 76 种标准解法一般即可解决；对于第三、四等级的发明问题，要应用 76 种标准解法、科学效应和发明问题解决算法（ARIZ）；如果是解决非常复杂的第五级的发明问题，尝试使用 ARIZ 并结合科学实验及其他研究方法。

ARIZ 其实是对"TRIZ 桥"的综合应用，它提供了特定的算法步骤，能够帮助我们实现由复杂模糊的问题情境向明确的发明问题的转变。

无论针对哪一级别的发明问题，也无论采用哪种工具与方法，TRIZ 创新思维与技术系统进化法则的应用是必需的，应该贯穿始终。平时我们遇到的绝大多数发明问题都属于第一、二和三级，这些问题只要突破思维定势并把握技术发展变化的规律与方向常常即可获得满意的解决思路与方案。"TRIZ 桥"综合应用的方法如图 8-1 所示。

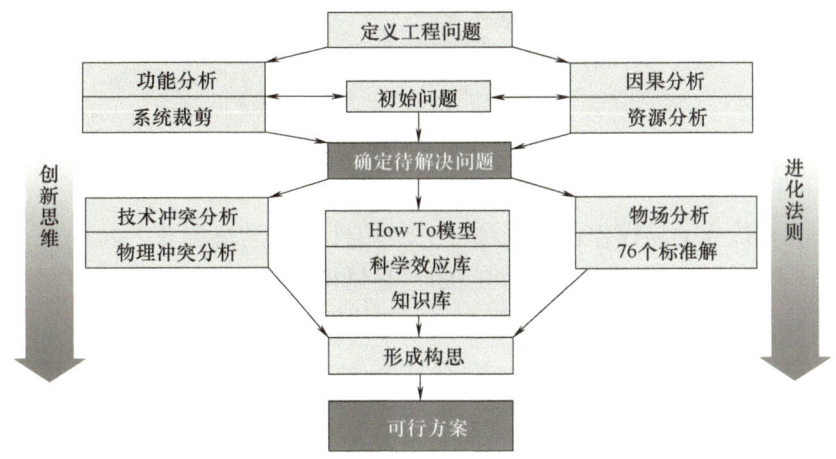

图 8-1　"TRIZ 桥"综合应用的方法

问题 96　何为 ARIZ?

如前所述，对于高级别的发明问题常常应用发明问题解决算法（ARIZ）来求解。ARIZ

（Algorithm for Inventive-Problem Solving）是 TRIZ 中最强有力的工具，由 Altshuller 于 1956 年提出，之后经过近 40 年的不断完善，形成了比较完整的体系。

ARIZ 是发明问题解决的完整算法，是 TRIZ 理论中的一个主要分析问题、解决问题的方法，其目标是为了解决问题的物理矛盾。该算法主要针对问题情境复杂、矛盾及其相关部件不明确的技术系统。它是一个对初始问题进行一系列变形及再定义等非计算性的逻辑过程，实现对问题的逐步深入分析和转化，最终解决问题。

ARIZ 算法主要包含以下六个模块：

第一个模块：情境分析，构建问题模型。
第二个模块：基于物场分析法的问题模型分析。
第三个模块：定义最终理想解与物理矛盾。
第四个模块：物理矛盾解决。
第五个模块：如果矛盾不能解决，调整或者重新构建初始问题模型。
第六个模块：解决方案分析与评价。

ARIZ 有多个不同的版本，目前最新版本为 ARIZ-96，而经典的、最常用的版本为 ARIZ-85。ARIZ-85 共有九个步骤，每一个步骤又由一些子步骤组成，如图 8-2 所示。

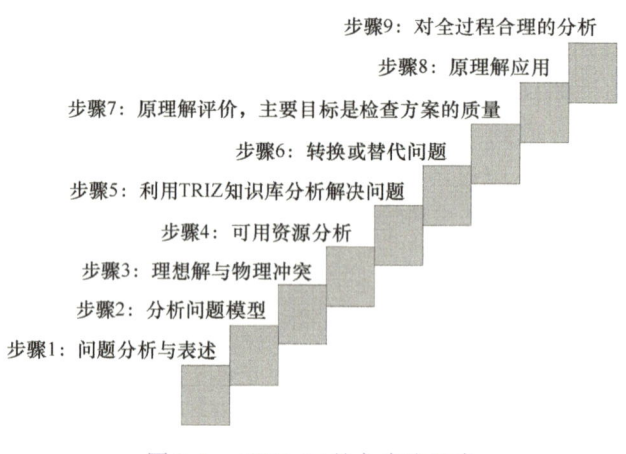

图 8-2　ARIZ-85 的九步法组成

ARIZ 算法具有优秀的易操作性、系统性、实用性以及易流程化等特性，尤其对于那些问题情境复杂，矛盾不明显的非标准发明问题，它显得更加有效和可行。在经历了不断完善和发展的过程后，目前 ARIZ 已成为 TRIZ 的重要支撑和高级工具。

问题 97　如何使用 ARIZ？

应用 ARIZ 取得成功的关键在于没有理解问题的本质前，要不断地对问题进行细化，一直到确定了物理冲突。TRIZ 认为，一个创新问题解决的困难程度取决于对该问题的描述和问题的标准化程度，描述得越清楚，问题的标准化程度越高，问题就越容易解决。ARIZ 中，创新问题求解的过程是对问题不断地描述，不断地标准化的过程。在这一过程中，初始问题最根本的矛盾被清晰地显现出来。

如前所述，目前应用最为广泛的 ARIZ-85，共有九个步骤，在解决实际问题的过程中，并不一定要求将九个步骤按顺序走完。而是一旦在某个步骤中获得了问题的解决方案，就可以跳过中间的其他几个无关步骤，直接进入后续的相关步骤，如图 8-3 所示。

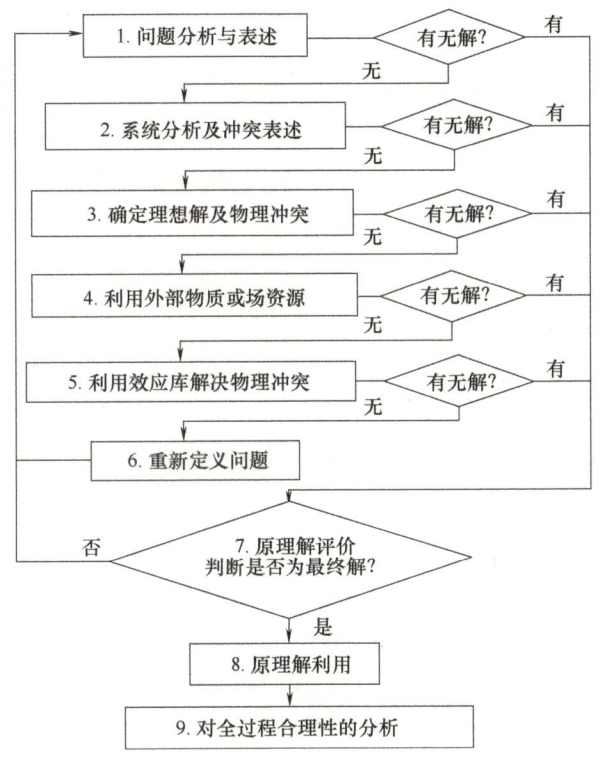

图 8-3　ARIZ-85 的九步法应用

应用 ARIZ 求解的大致过程，简单来说是这样的：首先将系统中存在的问题最小化，原则是在系统能够实现其必要功能的前提下，尽可能不改变或少改变系统；其次是定义系统的技术冲突，并建立"问题模型"；再次是分析该问题模型，定义问题所包含的时间和空间，利用物场分析法分析系统中所包含的资源；然后定义系统的最终理想解。通常为了获取系统的理想解，需要从宏观和微观级上分别定义系统中所包含的物理冲突。接下来是消除物理冲突，冲突的消除需要最大限度地利用系统内的资源并借助物理学、化学、几何学等工程学原理与科学效应。作为一种规则，经过分析原理的应用后如问题仍无解，则认为初始问题标准化定义有误，需调整初始问题模型，或者对问题重新进行更标准化的定义。

【案例】摩擦焊接问题。

问题：摩擦焊接是连接两块金属的最简单的方法。将一块金属固定并将另一块对着它旋转。只要两块金属之间还有空隙就什么也不会发生。但当两块金属接触时接触部分就会产生很高的热量，金属开始熔化，再加以一定的压力两块金属就能够焊在一起。一家工厂要用每节 10m 的铸铁管建成一条通道，这些铸铁管要通过摩擦焊接的方法连接起来。但要想使这么大的铁管旋转起来需要建造非常大的机器，并要经过几个车间。

解决该问题的过程如下：

1) 最小问题：对已有设备不作大的改变而实现铸铁管的摩擦焊接。
2) 系统矛盾：管子要旋转以便焊接，管子又不应该旋转以免使用大型设备。

3）问题模型：改变现有系统中的某个构成要素，在保证不旋转待焊接管子的前提下实现摩擦焊接。

4）对立领域和资源分析：对立领域为管子的旋转，而容易改变的要素是两根管子的接触部分。

5）理想解：只旋转管子的接触部分。

6）物理矛盾：管子的整体性限制了只旋转管子的接触部分。

7）物理矛盾的去除及问题的解决对策：用一个短的管子插在两个长管之间，旋转短的管子，同时将管子压在一起直到焊好为止。

问题 98 学习 TRIZ 有哪些资源可利用？

学习 TRIZ 有各种资源与途径，本书参考文献列出的著作、论文等即可作为学习 TRIZ 的重要资料。下面重点介绍几位 TRIZ 大师和目前常用的几款 TRIZ 软件。

1. 向 TRIZ 大师学习

根里奇·阿奇舒勒在生前列出了一个称为"TRIZ 大师"的名单。这个 65 人的名单由阿奇舒勒的妻子朱拉弗里欧娃提供给前苏联《时事通讯》中的《TRIZ 运动新闻》，并于 1998 年 7 月到 9 月期间，由位于俄罗斯切利亚宾克的 TRIZ 消息出版中心用公开的电子邮件发布。

下面只对先后来中国研究、推广 TRIZ 的几位国际知名 TRIZ 专家作一简介。

（1）谢尔盖·伊科旺柯　国际 TRIZ 大师，现任国际 TRIZ 协会理事会成员和副主席，此外还是美国机械工程师学会（ASME）、美国化学学会（ACS）、美国工程教育学会（ASEE）、国际"Who is WHO in Information Technology"、纽约科学院的成员和 6σ、QFD 黑带大师。从 1986 年就开始研究和教授 TRIZ，拥有"TRIZ 之父"——根里奇·阿奇舒勒亲自颁发的 TRIZ 讲师证书，迄今为《财富》杂志全球 500 强企业所作的创新技术和 TRIZ 理论专题培训总共已经超过了 600 场次，并历任宝洁、三菱研究中心（MRI）等众多高科技公司和机构的 TRIZ 培训课程首席培训专家，还由于为宝洁和联合利华的创新能力的提升做出了杰出贡献而分别获得两家公司的特别贡献奖。

（2）莱昂尼德·巴奇洛　国际 TRIZ 理论专家，在 TRIZ 培训和应用方面积累了 15 年之久的丰富的实践经验，毕业于白俄罗斯国立大学，并在该大学获得了电子工程学博士学位。之后，他担任过 7 年研发主管、8 年首席项目经理和首席工程师、7 年助理教授等。除此之外，莱昂尼德·巴奇洛博士还曾承担大学本科生和研究生的 7 门电子工程学课程的教授任务，这一期间累计完成了超过 4500 学时的讲座和教学工作。迄今为止，莱昂尼德·巴奇洛博士已经在国际上发表了 25 篇科技论文，拥有 2 项美国专利和 6 项处于申请阶段的美国专利、2 项俄罗斯专利，并出版了 2 本电子工程学方面的专业书籍。

（3）根纳迪·吉泽维奇　国际 TRIZ 咨询专家，知名 TRIZ 理论专家和顾问，在 TRIZ 应用方面具有十分丰富的实践经验。毕业于白俄罗斯国立大学，获得博士学位。之后曾在白俄罗斯国立大学任教，并担任课题负责人。也曾作为投资专家任职于 SINDIKA 控股公司。根纳迪·吉泽维奇博士拥有 35 项发明专利。著有《生存原理：天天创新的理论》，在美国、英国、比利时、意大利、新西兰、捷克和日本等多个国家发行。

（4）伊琳娜·诺维茨卡娅　国际 TRIZ 专家认证三级，擅长将 TRIZ 与艺术等领域相结合，有丰富的 TRIZ 软件开发经验，曾为多家企业进行过 TRIZ 培训。参与开发 TRIZ 在线学习平台，曾将 TRIZ 方法应用于软件功能设计。在国际上发表过多篇文章并多次在国际 TRIZ 会议上宣读论文。

（5）埃都阿尔德·库尔基　国际 TRIZ 四级专家，1978 年毕业于俄罗斯彼得罗扎沃茨克州立大学，2005 年获得国际 TRIZ 四级证书，曾任俄罗斯彼得罗扎沃茨克机床厂首席设计师，2005 年至 2009 年期间任韩国三星电子总工程师、TRIZ 咨询专家，参与咨询上百个项目，并与客户联合申请了部分项目专利。他擅长机械及电子相关产业的技术研发与项目攻关。现在中国工作。

（6）亚历山大·克宁　国际 TRIZ 五级大师、化学博士，擅长材料学。俄罗斯科学技术联合会专家。曾在韩国三星电子担任 TRIZ 咨询专家，指导了多个项目的研发工作。现在中国工作。

（7）米哈伊尔·奥尔洛夫　德国柏林现代 TRIZ 研究国际学院教授，技术科学博士，多年来完成数十项由欧洲、美国、东南亚国家许多大公司委托的项目，独立拥有 60 多项发明，公开发表论文 150 多篇，是 TRIZ 教育、咨询、软件开发、复杂技术系统问题的专家。其著作有《用 TRIZ 进行创造性思考实用指南》。

2. 利用软件学习和应用 TRIZ

（1）Goldfire Innovator　Goldfire Innovator 由全球加速产品创新软件的领先供应商 Invention Machine Corporation（IMC）公司发布。它是一个将创新过程有力地结合在一起的独特的工具，能使企业在有效地提升产品质量的同时改进工艺过程。Goldfire Innovator 支持产品和工艺过程创新，为企业提供了发明问题解决的结构化流程，帮助用户很容易地进行问题分析、问题解决和产生最优方案，系统地解决工程中的技术难题、新产品的开发、产品和工艺流程的改进、产品战略和技术的研究以及知识产权保护。Goldfire Innovator 赋予工程师和科研人员在第一时间构思和验证正确的方案，快速而简单地提供占领市场的产品。

（2）Pro/Innovator　计算机辅助创新平台 Pro/Innovator 由中国亿维讯公司推出，是发明问题解决理论（TRIZ）、本体论、现代设计方法学、自然语言处理技术与计算机软件技术相结合的新一代计算机辅助创新设计平台。Pro/Innovator 主要模块有：项目导航、技术系统分析、问题分解、解决方案、创新原理、专利查询、方案评价和报告生成、知识库扩充、专利申请等。该软件借助其强大的综合分析工具和源于世界优秀专利而创建的创新方案库，可以帮助设计者打破思维定势、拓宽思路，以全新的视角和思路分析问题，快速得到可操作的高效解决方案。同时，还是企业研发知识管理的信息化平台，可出色完成对企业内部研发知识从挖掘、获取、重构、到共享、创新、更新的全部知识工程任务。

（3）Invention Tool　Invention Tool 软件由河北工业大学开发，是跟踪并采用 TRIZ 理论最新研究成果，由国内自主研发的第一套计算机辅助创新（CAI）设计软件。它是基于知识和实例的创新工具，适用于各种工程领域内的产品创新和工艺创新，能帮助企业和工程技术人员在产品概念设计阶段解决产品开发中的关键问题，高质、高效、方便、实用地提出可行的创新设计方案，将设计引向正确的方向。基于 TRIZ 理论提出的产品概念创新设计的模型，并用计算机辅助实现该方法，以使用户能更好地完成产品创新设计。包含主要内容有 S 曲线驱动，将产品进化过程与创新工具结合；冲突与进化两个工程设计实例库的建立,使以往成功的设计实例能帮助设计者产生原始创新设想,符合人工智能的研究结果;效应库的建立使以往科学研究的结果按设计中的功能分类,使之更好地用于创新设计。

(4) Innovation WorkBench　Innovation WorkBench(IWB)创新方法TRIZ辅助应用软件,由美国IEG-ideation公司建构,于1992年由苏俄科学家研发。主要应用于制造业或工程方面,经由Ideation团队进行汇整Altshuller先生所整理的TRIZ理论,筛选各国的专利后,完成的I-TRIZ软件——IWB,将TRIZ理论的力量发挥至极致。具有涵盖内容广、简单易学等多方面优点。特别适用于对TRIZ理论有兴趣者、研发创新遇到瓶颈者、研究机构人员、学术单位学者以及有意学习新知识者。

(5) CBT/TRIZ　CBT/TRIZ由亿维讯公司推出,是获得国际TRIZ协会认证的拓展创新能力的培训平台。该平台综合了世界上先进实用的创新方法和理论,使用者通过学习,能够在较短的时间内掌握创新技法,激发创新潜能,学会运用创新思维和创新方法,进行自身创新能力的提高和拓展,进而在解决实际问题时能够产生创造性的解决方法。

(6) CREAX Innovation Suite 3.1　CREAX Innovation Suite 3.1是由是欧洲著名TRIZ大师Darrell Mann先生创始的团队——CREAX公司研发。它是一套简单化、结构化、系统化及可预测性的创新流程分析软件,可用来解决问题及找出创新方案,让使用者更加系统地处理工程方面的问题,可扩大产品开发,改进产品及工艺,预防并处理缺陷,研究产品及技术策略,消除市场障碍及保护知识产权。该软件利用了动画及多媒体的方式说明原理、科学效应数据库、Matrix 2003的矛盾矩阵,让更多的人员在学习TRIZ的道路上更加容易。

问题99　TRIZ与哪些方法可以结合应用?

创新方法可以分为思维技法类和方法工具类。思维技法类又可分为逻辑思维型和非逻辑思维型;逻辑思维型如演绎法、归纳法、形态分析法、奥斯本核检表法等;非逻辑思维型如头脑风暴法、逆向构思法、缺点列举法等。工具方法类如六顶思考帽、质量功能展开、田口方法等。TRIZ体系兼具创新思维与方法工具的双重属性,既包含思辨色彩的矛盾哲学和思想化方法,又具有明显的操作层面的工具价值,可以说TRIZ体系集创新方法之大成。但TRIZ并不排斥其他创新方法,而与其他创新方法的关系是相互衔接、相互补充、互为渗透、相得益彰的。TRIZ特别适合解决产品设计、工程项目、功能发展等技术体系的冲突问题,TRIZ工具主要在问题的识别和解决方案的产生过程中,表现出强大的实用价值。就是说,TRIZ可以帮助我们"正确地解决问题",但是在如何选择"解决正确的问题"方面涉及较少。因此,多种创新方法的交叉、综合使用,是解决复杂创新问题的必要选择。目前TRIZ与质量功能展开(QFD)、公理设计(AD)、六西格玛(6σ)、约束理论(TOC)、稳健设计等理论与方法已在实际应用中得到集成。图8-4所示为基于QFD/TRIZ/AD的机械产品设计过程模型。

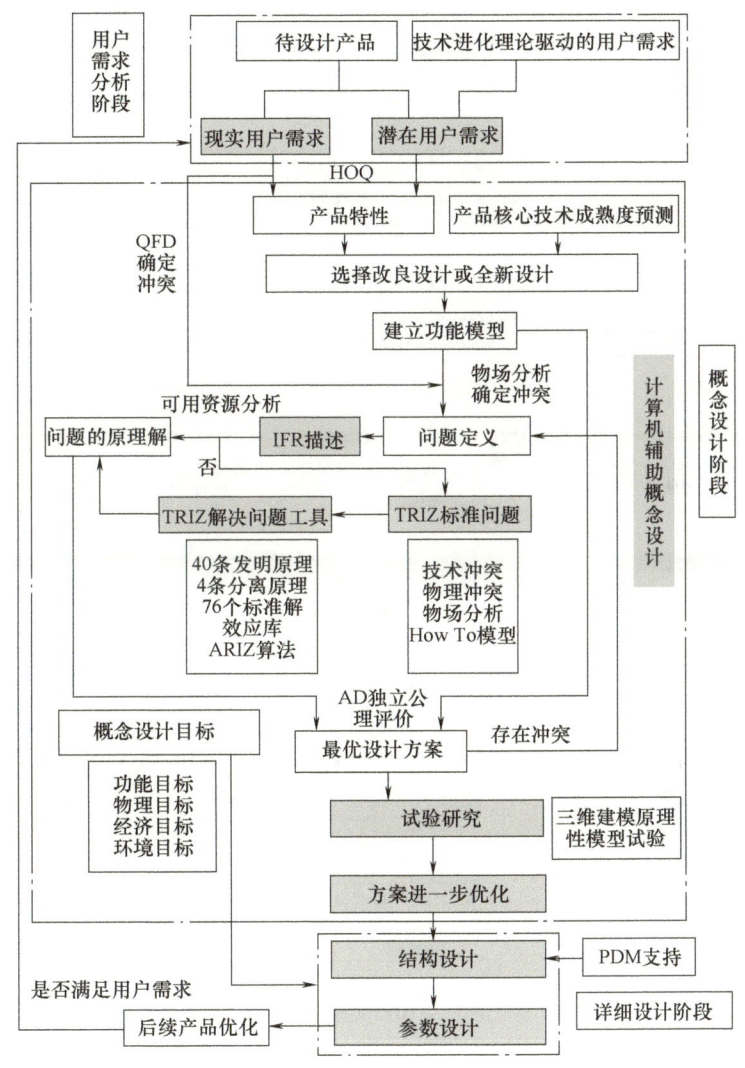

图 8-4 基于 QFD/TRIZ/AD 的机械产品设计过程模型

问题 100　如何将 TRIZ 导入你的组织？

TRIZ 进入美国后，在企业的导入发展迅速。波音、福特、通用汽车、克莱斯勒、罗克维尔、强生、摩托罗拉、惠普、宝洁、施乐等公司都应用了 TRIZ。德国所有名列世界 500 强的大企业都采用了 TRIZ。韩国三星电子更是运用 TRIZ 从"技术跟随者"发展成为"行业领跑者"，给企业带来巨额效益的典型例子，三星电子从技术引进到应用 TRIZ 技术创新的成功之路给渴望在经济全球化竞争中占有一席之地的中国企业提供了很多有益的和可借鉴的启示。

在组织中导入 TRIZ 有多种途径，图 8-5 是参考国外做法的典型流程。

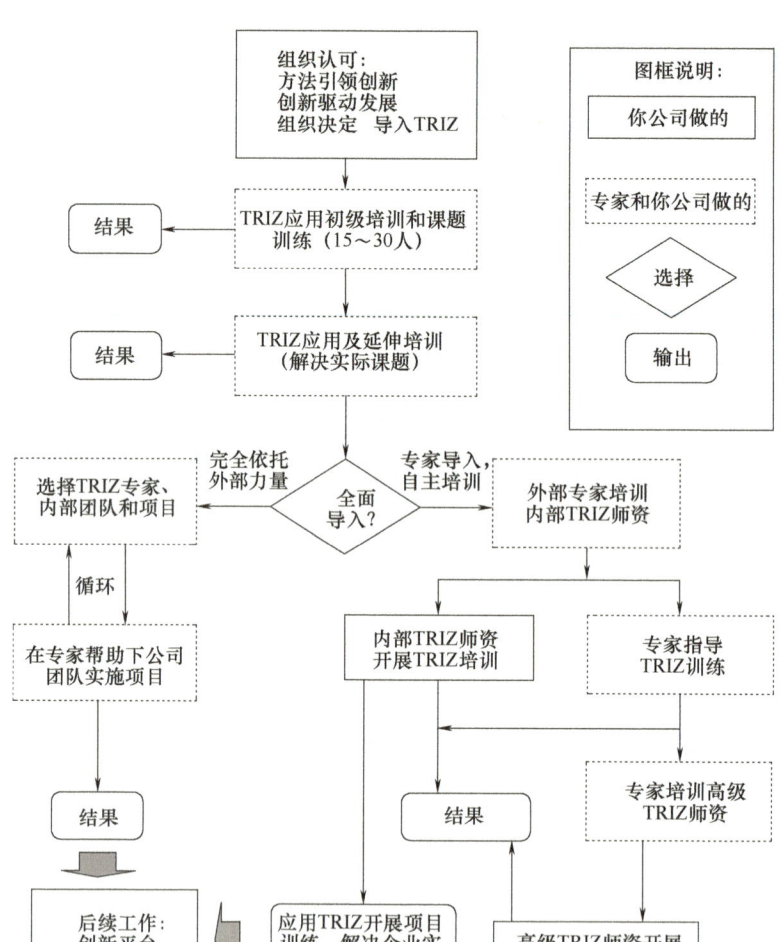

图 8-5　TRIZ 实施流程图

附 录

附录 A 39 个通用工程参数

TRIZ 中 39 个通用工程参数及其含义如下：

（1）运动物体的重量　是指在重力场中运动物体所受到的重力。如运动物体作用于其支撑或悬挂装置上的力。

（2）静止物体的重量　是指在重力场中静止物体所受到的重力。如静止物体作用于其支撑或悬挂装置上的力。

（3）运动物体的长度　是指运动物体的任意线性尺寸，不一定是最长的，都认为是其长度。

（4）静止物体的长度　是指静止物体的任意线性尺寸，不一定是最长的，都认为是其长度。

（5）运动物体的面积　是指运动物体内部或外部所具有的表面或部分表面的面积。

（6）静止物体的面积　是指静止物体内部或外部所具有的表面或部分表面的面积。

（7）运动物体的体积　是指运动物体所占有的空间体积。

（8）静止物体的体积　是指静止物体所占有的空间体积。

（9）速度　是指物体的运动速度、过程或活动与时间之比。

（10）力　是指两个系统之间的相互作用。对于牛顿力学，力等于质量与加速度之积。在 TRIZ 中，力是试图改变物体状态的任何作用。

（11）应力或压力　是指单位面积上的力。

（12）形状　是指物体外部轮廓或系统的外貌。

（13）结构的稳定性　是指系统的完整性及系统组成部分之间的关系。磨损、化学分解及拆卸都会降低稳定性。

（14）强度　是指物体抵抗外力作用使之变化的能力。

（15）运动物体的作用时间　是指物体完成规定动作的时间、服务期。两次误动作之间的时间也是作用时间的一种度量。

（16）静止物体的作用时间　是指物体完成规定动作的时间、服务期。两次误动作之间的时间也是作用时间的一种度量。

（17）温度　是指物体或系统所处的热状态，包括其他热参数，如影响改变温度变化速度的热容量。

（18）光照度　是指单位面积上的光通量，系统的光照特性，如亮度、光线质量。

(19) 运动物体的能量　是指能量是物体做功的一种度量。在经典力学中，能量等于力与距离的乘积。能量也包括电能、热能及核能等。

(20) 静止物体的能量　是指能量是物体做功的一种度量。在经典力学中，能量等于力与距离的乘积。能量也包括电能、热能及核能等。

(21) 功率　是指单位时间内所做的功，即利用能量的速度。

(22) 能量损失　是指为了减少能量损失，需要不同的技术来改善能量的利用。

(23) 物质损失　是指部分或全部、永久或临时的材料、部件或子系统等物质的损失。

(24) 信息损失　是指部分或全部、永久或临时的数据损失。

(25) 时间损失　是指一项活动所延续的时间间隔。改进时间的损失指减少一项活动所花费的时间。

(26) 物质或事物的数量　是指材料、部件及子系统等的数量，它们可以被部分或全部、临时或永久地改变。

(27) 可靠性　是指系统在规定的方法及状态下完成规定功能的能力。

(28) 测量精度　是指系统特征的实测值与实际值之间的误差。减少误差将提高测量精度。

(29) 制造精度　是指系统或物体的实际性能与所需性能之间的误差。

(30) 作用于物体的有害因素　是指物体对受外部或环境中的有害因素作用的敏感程度。

(31) 物体产生的有害因素　是指有害因素将降低物体或系统的效率，或完成功能的质量。这些有害因素是由物体或系统操作的一部分而产生的。

(32) 可制造性　是指物体或系统制造过程中简单、方便的程度。

(33) 可操作性　是指要完成的操作应需要较少的操作者、较少的步骤以及使用尽可能简单的工具。一个操作的产出要尽可能多。

(34) 可维修性　是指对于系统可能出现失误所进行的维修要时间短、方便和简单。

(35) 适应性及通用性　是指物体或系统响应外部变化的能力，或应用于不同条件下的能力。

(36) 系统的复杂性　是指系统中元件数目及多样性，如果用户也是系统中的元素将增加系统的复杂性。掌握系统的难易程度是其复杂性的一种度量。

(37) 控制和测量的复杂性　是指如果一个系统复杂、成本高，需要较长的时间建造及使用，或部件与部件之间关系复杂，都使得系统的监控与测试困难。测试精度高，增加了测试的成本也是测试困难的一种标志。

(38) 自动化程度　是指系统或物体在无人操作的情况下完成任务的能力。自动化程度的最低级别是完全人工操作；最高级别是机器能自动感知所需的操作、自动编程和对操作自动监控；中等级别是指需要人工编程、人工观察正在进行的操作、改变正在进行的操作及重新编程。

(39) 生产率　是指单位时间内所完成的功能或操作数。

为了应用方便，上述39个通用工程参数可分为如下3类：

物理及几何参数：(1)~(12)、(17)~(18)、(21)。

技术负向参数：(15)~(16)、(19)~(20)、(22)~(26)、(30)~(31)。

技术正向参数：(13)~(14)、(27)~(29)、(32)~(39)。

负向参数（Negative parameters）指这些参数变大时，使系统或子系统的性能变差。如子系统为完成特定的功能所消耗的能量（19、20）越大，则设计越不合理。

正向参数（Positive parameters）指这些参数变大时，使系统或子系统的性能变好。如子系统可制造性（32）指标越高，子系统制造成本就越低。

附录 B　76 个标准解系统

76 种标准解，共分为如下 5 类：
第一类：不改变或仅少量改变已有系统（建立或拆除物—场模型），13 种标准解。
第二类：改变已有系统（强化物—场模型），23 种标准解。
第三类：系统传递（向超系统或微观级转化），6 种标准解。
第四类：检查与测量，17 种标准解。
第五类：简化与改善策略，17 种标准解。

第一类标准解：不改变或仅少量改变已有系统。
（1）假如只有 S1，应增加 S2 及场 F，以完善系统 3 要素，并使其有效。
（2）假如系统不能改变，但可接受永久的或临时的添加物，可以在 S1 或 S2 内部添加来实现。
（3）假如系统不能改变，但用永久的或临时的外部添加物来改变 S1 或 S2 是可以接受的，则加之。
（4）假定系统不能改变，但可用环境资源作为内部或外部添加物，是可接受的，则加之。
（5）假定系统不能改变，但可以改变系统以外的环境，则改变之。
（6）微小量的精确控制是困难的，可以通过增加一个附加物，并在之后除去来控制微小量。
（7）一个系统的场强度不够，增加场强度又会损坏系统，可将强度足够大的一个场施加到另一元件上，把该元件再连接到原系统上。同理，一种物质不能很好地发挥作用，则可连接到另一物质上发挥作用。
（8）同时需要大的（强的）和小的（弱的）效应时，需小效应的位置可由物质 S3 来保护。
（9）在一个系统中有用及有害效应同时存在，S1 及 S2 不必互相接触，引入 S3 来消除有害效应。
（10）与（9）类似，但不允许增加新物质。通过改变 S1 或 S2 来消除有害效应。该类解包括增加"虚无物质"，如空位、真空或空气、气泡等，或加一种场。
（11）有害效应是一种场引起的，则引入物质 S3 吸收有害效应。
（12）在一个系统中，有用、有害效应同时存在，但 S1 及 S2 必须处于接触状态，则增加场 F2 使之抵消 F1 的影响，或者得到一个附加的有用效应。
（13）在一个系统中，由于一个要素存在磁性而产生有害效应。将该要素加热到居里点以上，磁性将不存在，或者引入相反的磁场消除原磁场。

第二类标准解：改变已有系统。

（14）串联的物—场模型：将 S2 及 F1 施加到 S3，再将 S3 及 F2 施加到 S1，两串联模型独立可控。

（15）并联的物—场模型：一个可控性很差的系统已存在部分不能改变，则可并联第二个场。

（16）对可控性差的场，用易控场来代替，或增加易控场。由重力场变为机械场或由机械场变为电磁场。其核心是由物理接触变到场的作用。

（17）将 S2 由宏观变为微观。

（18）改变 S2 成为允许气体或液体通过的多孔的或具有毛细孔的材料。

（19）使系统更具柔性或适应性，通常方式是由刚性变为一个铰接，或成为连续柔性系统。

（20）驻波被用于液体或粒子定位。

（21）将单一物质或不可控物质变成确定空间结构的非单一物质，这种变化可以是永久的或临时的。

（22）使 F 与 S1 或 S2 的自然频率匹配或不匹配。

（23）与 F1 或 F2 的固有频率匹配。

（24）两个不相容或独立的动作可相继完成。

（25）在一个系统中增加铁磁材料和（或）磁场。

（26）将（16）与（25）结合，利用铁磁材料与磁。

（27）利用磁流体，这是（26）的一个特例。

（28）利用含有磁粒子或液体的毛细结构。

（29）利用附加场（如涂层）使非磁场体永久或临时具有磁性。

（30）假如一个物体不能具有磁性，将铁磁物质引入到环境之中。

（31）利用自然现象，如物体按场排列，或在居里点以上使物体失去磁性。

（32）利用动态，可变成自调整的磁场。

（33）加铁磁粒子改变材料结构，施加磁场移动粒子，使非结构化系统变为结构化系统，或反之。

（34）与 F 场的自然频率相匹配。对于宏观系统，采用机械振动增加铁磁粒子的运动。在分子及原子水平上，材料的复合成分可通过改变磁场频率的方法用电子谐振频谱确定。

（35）用电流产生磁场并代替磁粒子。

（36）电流变流体具有被电磁场控制的黏度，利用此性质及其他方法一起使用，如电流变流体轴承等。

第三类标准解：传递系统。

（37）系统传递 1：产生双系统或多系统

（38）改进双系统或多系统中的连接。

（39）系统传递 2：在系统之间增加新的功能。

（40）双系统及多系统的简化。

（41）系统传递 3：利用整体与部分之间的相反特性。

（42）系统传递 4：传递到微观水平来控制。

第四类标准解：检测系统。

（43）替代系统中的检测与测量，使之不再需要。

（44）若（43）不可能，则测量一复制品或肖像。

（45）如（43）及（44）不可能，则利用两个检测量代替一个连续测量。

（46）假如一个不完整物—场系统不能被检测，则增加单一或两个物—场系统，且一个场作为输出。假如已存在的场是非有效的，在不影响原系统的条件下，改变或加强该场，使它具有容易检测的参数。

（47）测量引入的附加物。

（48）假如在系统中不能增加附加物，则在环境中增加而对系统产生一个场，检测此场对系统的影响。

（49）假如附加场不能被引入到环境中去，则分解或改变环境中已存在的物质，并测量产生的效应。

（50）利用自然现象。例如：利用系统中出现的已知科学效应，通过观察效应的变化，决定系统的状态。

（51）假如系统不能直接或通过场测量，则测量系统或要素激发的固有频率来确定系统变化。

（52）假如实现（51）不可能，则测量与已知特性相联系的物体的固有频率。

（53）增加或利用铁磁物质或磁场以便测量。

（54）增加磁场粒子或改变一种物质成为铁磁粒子以便测量，测量所导致的磁场变化即可。

（55）假如（54）不可能建立一个复合系统，则添加铁磁粒子到系统中去。

（56）假如系统中不允许增加铁磁物质，则将其加到环境中。

（57）测量与磁性有关现象，如居里点、磁滞等。

（58）若单系统精度不够，可用双系统或多系统。

（59）代替直接测量，可测量时间或空间的一阶或二阶导数。

第五类标准解：简化改进系统。

（60）间接方法：①使用无成本资源，如空气、真空、气泡、泡沫、缝隙等；②利用场代替物质；③用外部附加物代替内部附加物；④利用少量但非常活化的附加物；⑤将附加物集中到特定位置上；⑥暂时引入附加物；⑦假如原系统中不允许附加物，可在其复制品中增加附加物，这包括仿真器的使用；⑧引入化合物，当它们起反应时产生所需要的化合物，而直接引入这些化合物是有害的；⑨通过对环境或物体本身的分解获得所需的附加物。

（61）将要素分为更小的单元。

（62）附加物用完后自动消除。

（63）假如环境不允许大量使用某种材料，则使用对环境无影响的东西。

（64）使用一种场来产生另一种场。

（65）利用环境中已存在的场。

（66）使用属于场资源的物质。

（67）状态传递1：替代状态。

（68）状态传递2：双态。

（69）状态传递3：利用转换中的伴随现象。

（70）状态传递4：传递到双态。

（71）利用元件或物质间的作用使其更有效。

（72）自控制传递。假如一物体必须具有不同的状态，应使其自身从一个状态传递到另一状态。

（73）当输入场较弱时，加强输出场，通常在接近状态转换点处实现。

（74）通过分解获得物质粒子。

（75）通过结合获得物质。

（76）假如高等结构物质需分解但又不能分解，可用次高一级的物质状态替代。

附录C 30个How To模型与100个科学效应对照表

功能代码	实现的功能	对应科学效应的名称	科学效应序号
F01	测量温度	热膨胀	E75
		热双金属片	E76
		珀尔帖效应	E67
		汤姆逊效应	E80
		热电效应	E71
		热电子发射	E72
		热辐射	E73
		电阻	E33
		热敏性物质	E74
		居里效应（居里点）	E60
		巴克豪森效应	E03
		霍普金森效应	E55
F02	降低温度	一级相变	E94
		二级相变	E36
		焦耳—汤姆逊效应	E58
		珀尔帖效应	E67
		汤姆逊效应	E80
		热电效应	E71
		热电子发射	E72
F03	提高温度	电磁感应	E24
		电解质	E26
		焦耳—楞次定律	E57
		放电	E42
		电弧	E25
		吸收	E84
		发射聚焦	E39
		热辐射	E73
		珀尔帖效应	E67
		热电子发射	E72
		汤姆逊效应	E80
		热电效应	E71

（续）

功能代码	实现的功能	对应科学效应的名称		科学效应序号
F04	稳定温度	一级相变		E94
		二级相变		E36
		居里效应		E60
F05	探测物体的位移和运动	引入易探测的标识	标记物	E06
			发光	E37
			发光体	E38
			磁性材料	E16
			永久磁铁	E95
		发射和发射线	反射	E41
			发光体	E38
			感光材料	E45
			光谱	E50
			放射现象	E43
		形变	弹性变形	E85
			塑性变形	E78
		改变电场和磁场	电场	E22
			磁场	E13
		放电	电晕放电	E31
			电弧	E25
			火花放电	E53
F06	控制物体位移	磁力		E15
		电子力	安培力	E02
			洛伦兹力	E64
		压强	液体或气体的压力	E91
			液体或气体的压强	E93
		浮力		E44
		液体动力		E92
		振动		E98
		惯性力		E49
		热膨胀		E75
		热双金属片		E76
F07	控制液体及气体的运动	毛细现象		E65
		渗透		E77
		电泳现象		E30
		Thoms效应		E79
		伯努利定律		E10
		惯性力		E49
		韦森堡效应		E81

(续)

功能代码	实现的功能	对应科学效应的名称	科学效应序号
F08	控制浮质（气体中的悬浮粒，如烟，雾等）的流动	起电 电场 磁场	E68 E22 E13
F09	搅拌混合物，形成溶液	弹性波 共振 驻波 振动 气穴现象 扩散 电场 磁场 电泳现象	E19 E47 E99 E98 E69 E62 E22 E13 E30
F10	分解混合物	在电的或磁场中分离 电场 磁场 磁性液体 惯性力 吸附作用 扩散 渗透 电泳现象	E22 E13 E17 E49 E83 E62 E77 E30
F11	稳定物体位置	电场 磁场 磁性液体	E22 E13 E17
F12	产生/控制力，形成高的压力	磁力 一级相变 二级相变 热膨胀 惯性力 磁性液体 爆炸 电液压冲压，电水压震扰 渗透	E15 E94 E36 E75 E49 E17 E5 E29 E77
F13	控制摩擦力	约翰逊——拉别克效应 振动 低摩阻 金属覆层润滑剂	E96 E98 E21 E59

附　录

（续）

功能代码	实现的功能	对应科学效应的名称		科学效应序号
F14	解体物质	放电	火花放电	E53
			电晕放电	E31
			电弧	E25
		电液压冲压，电水压震扰		E29
		弹性波		E19
		共振		E47
		驻波		E99
		振动		E98
		气穴现象		E69
F15	积蓄机械能与热能	弹性变形		E85
		惯性力		E49
		一级相变		E94
		二级相变		E36
F16	传递能量	对于机械能	形变	E85
			弹性波	E19
			共振	E47
			驻波	E99
			振动	E98
			爆炸	E05
			电液压冲压，电水压震扰	E29
			热电子发射	E29
		热能	对流	E72
			热传导	
			反射	E34
			电磁感应	E70
		辐射	超导性	E41
		电能		E24
				E12
F17	建立移动的物体和固定的物体之间的交互作用	电磁场		E23
		电磁感性		E24
F18	测量物体的尺寸	标记	起电	E68
			发光	E37
			发光体	E38
		磁性材料		E16
		永久磁铁		E95
		共振		E47

（续）

功能代码	实现的功能	对应科学效应的名称		科学效应序号
F19	改变物体尺寸	热膨胀		E75
		形状记忆合金		E87
		形变		E85
		压电效应		E89
		磁弹性		E14
		压磁效应		E88
F20	检查表面状态和性质	放电	电晕放电	E31
			电弧	E25
			火花放电	E53
		反射		E41
		发光体		E38
		感光材料		E45
		光谱		E50
		放射现象		E43
F21	改变物体空间性质	摩擦力		E66
		吸附作用		E83
		扩散		E62
		包辛格效应		E04
		放电	电晕放电	E31
			电弧	E25
			火花放电	E53
		弹性液		E19
		共振		E47
		驻波		E99
		振动		E98
		光谱		E50
F22	检查物体容量的状态和特征	引入容易探测的标志	标记物	E06
			发光	E37
			发光体	E38
			磁性材料	E16
		测量电阻值	永久磁铁	E95
		反射和放射线	电阻	E33
			反射	E41
			折射	E97
			发光体	E38
			感光材料	E45
			光谱	E50
			放射现象	E43
		电—磁—光现象	X射线	E01
			电—磁—光现象	E27
			固体（的场致、电致）发光	E48
			热磁效应（居里点）	

（续）

功能代码	实现的功能	对应科学效应的名称		科学效应序号
F22	检查物体容量的状态和特征	电—磁—光现象	巴克豪森效应 霍普金效应 共振 霍尔效应	E60 E03 E55 E47 E54
F23	改变物体空间性质	磁性液体 磁性材料 永久磁铁 冷却 加热 一级相变 二级相变 电离 光谱 发射现象 X射线 形变 扩散 电场 磁场 珀尔帖效应 热电效应 包辛格效应 汤姆逊效应 热电子发射 居里效应（居里点） 固体的（场致、电致）发光 电—光和磁—光现象 气穴现象 光生伏打效应		E17 E16 E95 E63 E56 E94 E36 E28 E50 E43 E01 E85 E62 E22 E13 E67 E71 E04 E80 E72 E60 E48 E27 E69 E51
F24	形成要求的结构，稳定物体结构	弹性波 共振 驻波 振动 磁场 一级相变 二级相变 气穴现象		E19 E47 E99 E98 E13 E94 E36 E69

（续）

功能代码	实现的功能	对应科学效应的名称		科学效应序号
F25	探测电场和磁场	渗透		E77
		带电放电	电晕放电电弧	E31
			火花放电	E25
				E53
		压电效应		E89
		磁弹性		E14
		压磁效应		E88
		驻极体、电介体		E100
		固体的（场致、电致）发光		E48
		电—光和磁—光现象		E27
		巴克豪森现象		E03
		霍普金森效应		E55
		霍尔效应		E54
F26	探测辐射	热膨胀		E75
		热双金属片		E76
		发光体		E38
		感光材料		E45
		光谱		E50
		放射现象		E43
		反射		E41
		光生伏打效应		E51
F27	产生辐射	放电	电晕放电	E31
			电弧	E25
			火花放电	E53
		发光		E37
		发光体		E38
		固体（场致、电致）发光		E48
		电—光和磁—光现象		E27
		耿氏效应		E46
F28	控制电磁场	电阻		E33
		磁性材料		E16
		反射		E41
		形状		E86
		表面		E07
		表面粗糙度		E08

（续）

功能代码	实现的功能	对应科学效应的名称		科学效应序号
F29	控制光	反射		E41
		折射		E97
		吸收		E84
		发射聚焦		E39
		固体的（场致、电致）发光		E48
		电—光和磁—光现象		E27
		法拉第效应		E40
		克尔效应		E61
		耿氏效应		E46
F30	产生及加强化学变化	弹性波		E19
		共振		E47
		驻波		E99
		振动		E98
		气穴现象		E69
		光谱		E50
		放射现象		E43
		X射线		E01
		放电		E42
		电晕放电		E31
		电弧		E25
		火花放电		E53
		爆炸		E05
		电液压冲压，电水压震扰		E29

附录 D　39×39 冲突矩阵

		1	2	3	4	5	6	7	8
1	运动物体的重量		-	15, 8, 29,34	-	29, 17, 38, 34	-	29, 2, 40, 28	-
2	静止物体的重量	-		-	10, 1, 29, 35	-	35, 30, 13, 2	-	5, 35, 14, 2
3	运动物体的长度	8, 15, 29, 34	-		-	15, 17, 4	-	7, 17, 4, 35	-
4	静止物体的长度		35, 28, 40, 29	-		-	17, 7, 10, 40	-	35, 8, 2,14
5	运动物体的面积	2, 17, 29, 4	-	14, 15, 18, 4	-		-	7, 14, 17, 4	-
6	静止物体的面积	-	30, 2, 14, 18	-	26, 7, 9, 39	-		-	-
7	运动物体的体积	2, 26, 29, 40	-	1, 7, 4, 35	-	1, 7, 4, 17	-		-
8	静止物体的体积	-	35, 10, 19, 14	19, 14	35, 8, 2, 14	-	-	-	
9	速度	2, 28, 13, 38	-	13, 14, 8	-	29, 30, 34	-	7, 29, 34	-
10	力	8, 1, 37, 18	18, 13, 1, 28	17, 19, 9, 36	28, 10	19, 10, 15	1, 18, 36, 37	15, 9, 12, 37	2, 36, 18, 37
11	应力或压力	10, 36, 37, 40	13, 29, 10, 18	35, 10, 36	35, 1, 14, 16	10, 15, 36, 28	10, 15, 36, 37	6, 35, 10	35, 24
12	形状	8, 10, 29, 40	15, 10, 26, 3	29, 34, 5, 4	13, 14, 10, 7	5, 34, 4, 10		14, 4, 15, 22	7, 2, 35
13	结构的稳定性	21, 35, 2, 39	26, 39, 1, 40	13, 15, 1, 28	37	2, 11, 13	39	28, 10, 19, 39	34, 28, 35, 40
14	强度	1, 8, 40, 15	40, 26, 27, 1	1, 15, 8, 35	15, 14, 28, 26	3, 34, 40, 29	9, 40, 28	10, 15, 14, 7	9, 14, 17, 15
15	运动物体的作用时间	19, 5, 34, 31	-	2, 19, 9	-	3, 17, 19	-	10, 2, 19, 30	-
16	静止物体的作用时间	-	6, 27, 19, 16	-	1, 40, 35	-	-	-	35, 34, 38
17	温度	36,22, 6, 38	22, 35, 32	15, 19, 9	15, 19, 9	3, 35, 39, 18	35, 38	34, 39, 40, 18	35, 6, 4
18	光照度	19, 1, 32	2, 35, 32	19, 32, 16		19, 32, 26		2, 13, 10	
19	运动物体的能量	12,18,28,31	-	12, 28	-	15, 19, 25	-	35, 13, 18	-
20	静止物体的能量	-	19, 9, 6, 27	-	-	-	-	-	-
21	功率	8, 36, 38, 31	19, 26, 17, 27	1, 10, 35, 37		19, 38	17, 32, 13, 38	35, 6, 38	30, 6, 25
22	能量损失	15, 6, 19, 28	19, 6, 18, 9	7, 2, 6, 13	6, 38, 7	15, 26, 17, 30	17, 7, 30, 18	7, 18, 23	7
23	物质损失	35, 6, 23, 40	35, 6, 22, 32	14, 29, 10, 39	10, 28,24	35, 2, 10, 31	10, 18, 39, 31	1, 29, 30, 36	3, 39, 18, 31
24	信息损失	10, 24, 35	10, 35, 5	1, 26	26	30, 26	30, 16		2, 22
25	时间损失	10, 20, 37, 35	10, 20, 26, 5	15, 2, 29	30, 24, 14, 5	26, 4, 5, 16	10, 35, 17, 4	2, 5, 34, 10	35, 16, 32, 18
26	物质或事物的数量	35, 6, 18, 31	27, 26, 18, 35	29, 14, 35, 18		15, 14, 29	2, 18, 40, 4	15, 20, 29	
27	可靠性	3, 8, 10, 40	3, 10, 8, 28	15, 9, 14, 4	15, 29, 28, 11	17, 10, 14, 16	32, 35, 40, 4	3, 10, 14, 24	2, 35, 24
28	测量精度	32, 35, 26, 28	28, 35, 25, 26	28, 26, 5, 16	32, 28, 3, 16	26, 28, 32, 3	26, 28, 32, 3	32, 13, 6	
29	制造精度	28, 32, 13, 18	28, 35, 27, 9	10, 28, 29, 37	2, 32, 10	28, 33, 29, 32	2, 29, 18, 36	32, 23, 2	25, 10, 35
30	作用于物体的有害因素	22, 21, 27, 39	2, 22, 13, 24	17, 1, 39, 4	1, 18	22, 1, 33, 35	27, 2, 39, 35	22, 23, 37, 35	34, 39, 19, 27
31	物体产生的有害因素	19, 22, 15, 39	35, 22, 1, 39	17, 15, 16, 22		17, 2, 18, 39	22, 1, 40	17, 2, 40	30, 18, 35, 4
32	可制造性	28, 29, 15, 16	1, 27, 36, 13	1, 29, 13, 17	15, 17, 27	13, 1, 26, 12	16, 40	13, 29, 1, 40	35
33	可操作性	25, 2, 13, 15	6, 13, 1, 25	1, 17, 13, 12		1, 17, 13, 16	18, 16, 15, 39	1, 16, 35, 15	4, 18, 39, 31
34	可维修性	2, 27, 35, 11	2, 27, 35, 11	1, 28, 10, 25	3, 18, 31	15, 13, 32	16, 25	25, 2, 35, 11	1
35	适应性及通用性	1, 6, 15, 8	19, 15, 29, 16	35, 1, 29, 2	1, 35, 16	35, 30, 29, 7	15, 16	15, 35, 29	
36	系统的复杂性	26, 30, 34, 36	2, 26, 35, 39	1, 19, 26, 24	26	14, 1, 13, 16	6, 36	34, 26, 6	1, 16
37	控制和测量的复杂性	27, 26, 28, 13	6, 13, 28, 1	16, 17, 26, 24	26	2, 13, 18, 17	2, 39, 30, 16	29, 1, 4, 16	2, 18, 26, 31
38	自动化程度	28, 26, 18, 35	28, 26, 35, 10	14, 13, 17, 28	23	17, 14, 13		35, 13, 16	
39	生产率	35, 26, 24, 37	28, 27, 15, 3	18, 4, 28, 38	30, 7, 14, 26	10, 26, 34, 31	10, 35, 17, 7	2, 6, 34, 10	35, 37, 10, 2

（续）

		9	10	11	12	13	14	15	16
1	运动物体的重量	2, 8, 15, 38	8, 10, 18, 37	10, 36, 37, 40	10, 14, 35, 40	1, 35, 19, 39	28, 27, 18, 40	5, 34, 31, 35	–
2	静止物体的重量	–	8, 10, 19, 35	13, 29, 10, 18	13, 10, 29, 14	26, 39, 1, 40	28, 2, 10, 27	–	2, 27, 19, 6
3	运动物体的长度	13, 4, 8	17, 10, 4	1, 8, 35	1, 8, 10, 29	1, 8, 15, 34	8, 35, 29, 34	19	–
4	静止物体的长度	–	28, 10	1, 14, 35	13, 14, 15, 7	39, 37, 35	15, 14, 28, 26	–	1, 10, 35
5	运动物体的面积	29, 30, 4, 34	19, 30, 35, 2	10, 15, 36, 28	5, 34, 29, 4	11, 2, 13, 39	3, 15, 40, 14	6, 3	–
6	静止物体的面积	–	1, 18, 35, 36	10, 15, 36, 37		2, 38	40	–	2, 10, 19, 30
7	运动物体的体积	29, 4, 38, 34	15, 35, 36, 37	6, 35, 36, 37	1, 15, 29, 4	28, 10, 1, 39	9, 14, 15, 7	6, 35, 4	–
8	静止物体的体积	–	2, 18, 37	24, 35	7, 2, 35	34, 28, 35, 40	9, 14, 17, 15	–	35, 34, 38
9	速度		13, 28, 15, 19	6, 18, 38, 40	35, 15, 18, 34	28, 33, 1, 18	8, 3, 26, 14	3, 19, 35, 5	–
10	力	13, 28, 15, 12		18, 21, 11	10, 35, 40, 34	35, 10, 21	35, 10, 14, 27	19, 2	
11	应力或压力	6, 35, 36	36, 35, 21		35, 4, 15, 10	35, 33, 2, 40	9, 18, 3, 40	19, 3, 27	
12	形状	35, 15, 34, 18	35, 10, 37, 40	34, 15, 10, 14		33, 1, 18, 4	30, 14, 10, 40	14, 26, 9, 25	
13	结构的稳定性	33, 15, 28, 18	10, 35, 21, 16	2, 35, 40	22, 1, 18, 4		17, 9, 15	13, 27, 10, 35	39, 3, 35, 23
14	强度	8, 13, 26, 14	10, 18, 3, 14	10, 3, 18, 40	10, 30, 35, 40	13, 17, 35		27, 3, 26	
15	运动物体的作用时间	3, 35, 5	19, 2, 16	19, 3, 27	14, 26, 28, 25	13, 3, 35	27, 3, 10		–
16	静止物体的作用时间	–				39, 3, 35, 23		–	
17	温度	2, 28, 36, 30	35, 10, 3, 21	35, 39, 19, 2	14, 22, 19, 32	1, 35, 32	10, 30, 22, 40	19, 13, 39	19, 18, 36, 40
18	光照度	10, 13, 19	26, 19, 6		32, 30	32, 3, 27	35, 19	2, 19, 6	
19	运动物体的能量	8, 35, 35	16, 26, 21, 2	23, 14, 25	12, 2, 29	19, 13, 17, 24	5, 19, 9, 35	28, 35, 6, 18	
20	静止物体的能量	–	36, 37			27, 4, 29, 18	35		
21	功率	15, 35, 2	26, 2, 36, 35	22, 10, 35	29, 14, 2, 40	35, 32, 15, 31	26, 10, 28	19, 35, 10, 38	16
22	能量损失	16, 35, 38	36, 38			14, 2, 39, 6	26		
23	物质损失	10, 13, 28, 38	14, 15, 18, 40	3, 36, 37, 10	29, 35, 3, 5	2, 14, 30, 40	35, 28, 31, 40	28, 27, 3, 18	27, 16, 18, 38
24	信息损失	26, 32						10	10
25	时间损失		10, 37, 36, 5	37, 36, 4	4, 10, 34, 17	35, 3, 22, 5	29, 3, 28, 18	20, 10, 28, 18	28, 20, 10, 16
26	物质或事物的数量	35, 29, 34, 28	35, 14, 3	10, 36, 14, 3	35, 14	15, 2, 17, 40	14, 35, 34, 10	3, 35, 10, 40	3, 35, 31
27	可靠性	21, 35, 11, 28	8, 28, 10, 3	10, 24, 35, 19	35, 1, 16, 11		11, 28	2, 35, 3, 25	34, 27, 6, 40
28	测量精度	28, 13, 32, 24	32, 2	6, 28, 32	6, 28, 32	32, 35, 13	28, 6, 32	28, 6, 32	10, 26, 24
29	制造精度	10, 28, 32	28, 19, 34, 36	3, 35	32, 30, 40	30, 18	3, 27	3, 27, 40	
30	作用于物体的有害因素	21, 22, 35, 28	13, 35, 39, 18	22, 2, 37	22, 1, 3, 35	35, 24, 30, 18	18, 35, 37, 1	22, 15, 33, 28	17, 1, 40, 33
31	物体产生的有害因素	35, 28, 3, 23	35, 28, 1, 40	2, 33, 27, 18	35, 1	35, 40, 27, 39	15, 35, 22, 2	15, 22, 33, 31	21, 39, 16, 22
32	可制造性	35, 13, 8, 1	35, 12	35, 19, 1, 37	1, 28, 13, 27	11, 13, 1	1, 3, 10, 32	27, 1, 4	35, 16
33	可操作性	18, 13, 34	28, 13, 35	2, 32, 12	15, 34, 29, 28	32, 35, 30	32, 40, 3, 28	29, 3, 8, 25	1, 16, 25
34	可维修性	34, 9	1, 11, 10	13	1, 13, 2, 4	2, 35	11, 1, 2, 9	11, 29, 28, 27	1
35	适应性及通用性	35, 10, 14	15, 17, 20	35, 16	15, 37, 1, 8	35, 30, 14	35, 3, 32, 6	13, 1, 35	2, 16
36	系统的复杂性	34, 10, 28	26, 16	19, 1, 35	29, 13, 28, 15	2, 22, 17, 19	2, 13, 28	10, 4, 28, 15	
37	控制和测量的复杂性	3, 4, 16, 35	30, 28, 40, 19	35, 36, 37, 32	27, 13, 1, 39	11, 22, 39, 30	27, 3, 15, 28	19, 29, 39, 25	25, 34, 6, 35
38	自动化程度	28, 10	2, 35	13, 35	15, 32, 1, 13	18, 1	25, 13	6, 9	
39	生产率		28, 15, 10, 36	10, 37, 14	14, 10, 34, 40	35, 3, 22, 39	29, 28, 10, 18	35, 10, 2, 18	20, 10, 16, 38

（续）

		17	18	19	20	21	22	23	24
1	运动物体的重量	6, 29, 4, 38	19, 1, 32	35, 12, 34, 31	-	12, 36, 18, 31	6, 2, 34, 19	5, 35, 3, 31	10, 24, 35
2	静止物体的重量	28, 19, 32, 22	19, 32, 35	-	18, 19, 28, 1	15, 19, 18, 22	18, 19, 28, 15	5, 8, 13, 30	10, 15, 35
3	运动物体的长度	10, 15, 19	32	8, 35, 24	-	1, 35	7, 2, 35, 39	4, 29, 23, 10	1, 24
4	静止物体的长度	3, 35, 38, 18	3, 25	-		12, 8	6, 28	10, 28, 24, 35	24, 26,
5	运动物体的面积	2, 15, 16	15, 32, 19, 13	19, 32	-	19, 10, 32, 18	15, 17, 30, 26	10, 35, 2, 39	30, 26
6	静止物体的面积	35, 39, 38		-		17, 32	17, 7, 30	10, 14, 18, 39	30, 16
7	运动物体的体积	34, 39, 10, 18	2, 13, 10	35	-	35, 6, 13, 18	7, 15, 13, 16	36, 39, 34, 10	2, 22
8	静止物体的体积	35, 6, 4				30, 6		10, 39, 35, 34	
9	速度	28, 30, 36, 2	10, 13, 19	8, 15, 35, 38	-	19, 35, 38, 2	14, 20, 19, 35	10, 13, 28, 38	13, 26
10	力	35, 10, 21	-	19, 17, 10	1, 16, 36, 37	19, 35, 18, 37	14, 15	8, 35, 40, 5	
11	应力或压力	35, 39, 19, 2	-	14, 24, 10, 37		10, 35, 14	2, 36, 25	10, 36, 3, 37	
12	形状	22, 14, 19, 32	13, 15, 32	2, 6, 34, 14		4, 6, 2	14	35, 29, 3, 5	
13	结构的稳定性	35, 1, 32	32, 3, 27, 16	13, 19	27, 4, 29, 18	32, 35, 27, 31	14, 2, 39, 6	2, 14, 30, 40	
14	强度	30, 10, 40	35, 19	19, 35, 10	35	10, 26, 35, 28	35	35, 28, 31, 40	
15	运动物体的作用时间	19, 35, 39	2, 19, 4, 35	28, 6, 35, 18		19, 10, 35, 38		28, 27, 3, 18	
16	静止物体的作用时间	19, 18, 36, 40		-		16		27, 16, 18, 38	10
17	温度		32, 30, 21, 16	19, 15, 3, 17		2, 14, 17, 25	21, 17, 35, 38	21, 36, 29, 31	
18	光照度	32, 35, 19		32, 1, 19	32, 35, 1, 15	32	13, 16, 1, 6	13, 1	1, 6
19	运动物体的能量	19, 24, 3, 14	2, 15, 19		-	6, 19, 37, 18	12, 22, 15, 24	35, 24, 18, 5	
20	静止物体的能量		19, 2, 35, 32	-				28, 27, 18, 31	
21	功率	2, 14, 17, 25	16, 6, 19	16, 6, 19, 37			10, 35, 38	28, 27, 18, 38	10, 19
22	能量损失	19, 38, 7	1, 13, 32, 15			3, 38		35, 27, 2, 37	19, 10
23	物质损失	21, 36, 39, 31	1, 6, 13	35, 18, 24, 5	28, 27, 12, 31	28, 27, 18, 38	35, 27, 2, 31		
24	信息损失		19			10, 19	19, 10		
25	时间损失	35, 29, 21, 18	1, 19, 26, 17	35, 38, 19, 18	1	35, 20, 10, 6	10, 5, 18, 32	35, 18, 10, 39	24, 26, 28, 32
26	物质或事物的数量	3, 17, 39		34, 29, 16, 18	3, 35, 31	35	7, 18, 25	6, 3, 10, 24	24, 28, 35
27	可靠性	3, 35, 10	11, 32, 13	21, 11, 27, 19	36, 23	21, 11, 26, 31	10, 11, 35	10, 35, 29, 39	10, 28
28	测量精度	6, 19, 28, 24	6, 1, 32	3, 6, 32		3, 6, 32	26, 32, 27	10, 16, 31, 28	
29	制造精度	19, 26	3, 32	32, 2		32, 2	13, 32, 2	35, 31, 10, 24	
30	作用于物体的有害因素	22, 33, 35, 2	1, 19, 32, 13	1, 24, 6, 27	10, 2, 22, 37	19, 22, 31, 2	21, 22, 35, 2	33, 22, 19, 40	22, 10, 2
31	物体产生的有害因素	22, 35, 2, 24	19, 24, 39, 32	2, 35, 6	19, 22, 18	2, 35, 18	21, 35, 2, 22	10, 1, 34	10, 21, 29
32	可制造性	27, 26, 18	28, 24, 27, 1	28, 26, 27, 1	1, 4	27, 1, 12, 24	19, 35	15, 34, 33	32, 24, 18, 16
33	可操作性	26, 27, 13	13, 17, 1, 24	1, 13, 24		35, 34, 2, 10	2, 19, 13	28, 32, 2, 24	4, 10, 27, 22
34	可维修性	4, 10	15, 1, 13	15, 1, 28, 16		15, 10, 32, 2	15, 1, 32, 19	2, 35, 34, 27	
35	适应性及通用性	27, 2, 3, 35	6, 22, 26, 1	19, 35, 29, 13		19, 1, 29	18, 15, 1	15, 10, 2, 13	
36	系统的复杂性	2, 17, 13	24, 17, 13	27, 2, 29, 28		20, 19, 30, 34	10, 35, 13, 2	35, 10, 28, 29	
37	控制和测量的复杂性	3, 27, 35, 16	2, 24, 26	35, 38	19, 35, 16	18, 1, 16, 10	35, 3, 15, 19	1, 18, 10, 24	35, 33, 27, 22
38	自动化程度	26, 2, 19	8, 32, 19	2, 32, 13		28, 2, 27	23, 28	35, 10, 18, 5	35, 33
39	生产率	35, 21, 28, 10	26, 17, 19, 1	35, 10, 38, 19	1	35, 20, 10	28, 10, 29, 35	28, 10, 35, 23	13, 15, 23

（续）

		25	26	27	28	29	30	31	32
1	运动物体的重量	10, 35, 20, 28	3, 26, 18, 31	1, 3, 11, 27	28, 27, 35, 26	28, 35, 26, 18	22, 21, 18, 27	22, 35, 31, 39	27, 28, 1, 36
2	静止物体的重量	10, 20, 35, 26	19, 6, 18, 26	10, 28, 8, 3	18, 26, 28	10, 1, 35, 17	2, 19, 22, 37	35, 22, 1, 39	28, 1, 9
3	运动物体的长度	15, 2, 29	29, 35	10, 14, 29, 40	28, 32, 4	10, 28, 29, 37	1, 15, 17, 24	17, 15	1, 29, 17
4	静止物体的长度	30, 29, 14		15, 29, 28	32, 28, 3	2, 32, 10	1, 18		15, 17, 27
5	运动物体的面积	26, 4	29, 30, 6, 13	29, 9	26, 28, 32, 3	2, 32	22, 33, 28, 1	17, 2, 18, 39	13, 1, 26, 24
6	静止物体的面积	10, 35, 4, 18	2, 18, 40, 4	32, 35, 40, 4	26, 28, 32, 3	2, 29, 18, 36	27, 2, 39, 35	22, 1, 40	40, 16
7	运动物体的体积	2, 6, 34, 10	29, 30, 7	14, 1, 40, 11	25, 26, 28	25, 28, 2, 16	22, 21, 27, 35	17, 2, 40, 1	29, 1, 40
8	静止物体的体积	35, 16, 32 18	35, 3	2, 35, 16		35, 10, 25	34, 39, 19, 27	30, 18, 35, 4	35
9	速度		10, 19, 29, 38	11, 35, 27, 28	28, 32, 1, 24	10, 28, 32, 25	1, 28, 35, 23	2, 24, 35, 21	35, 13, 8, 1
10	力	10, 37, 36	14, 29, 18, 36	3, 35, 13, 21	35, 10, 23, 24	28, 29, 37, 36	1, 35, 40, 18	13, 3, 36, 24	15, 37, 18, 1
11	应力或压力	37, 36, 4	10, 14, 36	10, 13, 19, 35	6, 28, 25	3, 35	22, 2, 37	2, 33, 27, 18	1, 35, 16
12	形状	14, 10, 34, 17	36, 22	10, 40, 16	28, 32, 1	32, 30, 40	22, 1, 2, 35	35, 1	1, 32, 17, 28
13	结构的稳定性	35, 27	15, 32, 35		13	18	35, 24, 30, 18	35, 40, 27, 39	35, 19
14	强度	29, 3, 28, 10	29, 10, 27	11, 3	3, 27, 16	3, 27	18, 35, 37, 1	15, 35, 22, 2	11, 3, 10, 32
15	运动物体的作用时间	20, 10, 28, 18	3, 35, 10, 40	11, 2, 13	3	3, 27, 16, 40	22, 15, 33, 28	21, 39, 16, 22	27, 1, 4
16	静止物体的作用时间	28, 20, 10, 16	3, 35, 31	34, 27, 6, 40	10, 26, 24		17, 1, 40, 33	22	35, 10
17	温度	35, 28, 21, 18	3, 17, 30, 39	19, 35, 3, 10	32, 19, 24	24	22, 33, 35, 2	22, 35, 2, 24	26, 27
18	光照度	19, 1, 26, 17	1, 19		11, 15, 32	3, 32	15, 19	35, 19, 32, 39	19, 35, 28, 26
19	运动物体的能量	35, 38, 19, 18	34, 23, 16, 18	19, 21, 11, 27	3, 1, 32		1, 35, 6, 27	2, 35, 6	28, 26, 30
20	静止物体的能量		3, 35, 31	10, 36, 23			10, 2, 22, 37	19, 22, 18	1, 4
21	功率	35, 20, 10, 6	4, 34, 19	19, 24, 26, 31	32, 15, 2	32, 2	19, 22, 31, 2	2, 35, 18	26, 10, 34
22	能量损失	10, 18, 32, 7	7, 18, 25	11, 10, 35	32		21, 22, 35, 2	21, 35, 2, 22	
23	物质损失	15, 18, 35, 10	6, 3, 10, 24	10, 29, 39, 35	16, 34, 31, 28	35, 10, 24, 31	33, 22, 30, 40	10, 1, 34, 29	15, 34, 33
24	信息损失	24, 26, 28, 32	24, 28, 35	10, 28, 23			22, 10, 1	10, 21, 22	32
25	时间损失		35, 38, 18, 16	10, 30, 4	24, 34, 28, 32	24, 26, 28, 18	35, 18, 34	35, 22, 18, 39	35, 28, 34, 4
26	物质或事物的数量	35, 38, 18, 16		18, 3, 28, 40	13, 2, 28	33, 30	35, 33, 29, 31	3, 35, 40, 39	29, 1, 35, 27
27	可靠性	10, 30, 4	21, 28, 40, 3		32, 3, 11, 23	11, 32, 1	27, 35, 2, 40	35, 2, 40, 26	
28	测量精度	24, 34, 28, 32	2, 6, 32	5, 11, 1, 23			28, 24, 22, 26	3, 33, 39, 10	6, 35, 25, 18
29	制造精度	32, 26, 28, 18	32, 30	11, 32, 1			26, 28, 10, 36	4, 17, 34, 26	
30	作用于物体的有害因素	35, 18, 34	35, 33, 29, 31	27, 24, 2, 40	28, 33, 23, 26	26, 28, 10, 18			24, 35, 2
31	物体产生的有害因素	1, 22	3, 24, 39, 1	24, 2, 40, 39	3, 33, 26	4, 17, 34, 26			
32	可制造性	35, 28, 34, 4	35, 23, 1, 24		1, 35, 12, 18		24, 2		
33	可操作性	4, 28, 10, 34	12, 35	17, 27, 8, 40	25, 13, 2, 34	1, 32, 35, 23	2, 25, 28, 39		2, 5, 12
34	可维修性	32, 1, 10, 25	2, 28, 10, 25	11, 10, 1, 16	10, 2, 13	25, 10	35, 10, 2, 16		1, 35, 11, 10
35	适应性及通用性	35, 28	3, 35, 15	35, 13, 8, 24	35, 5, 1, 10		35, 11, 32, 31		1, 13, 31
36	系统的复杂性	6, 29	13, 3, 27, 10	13, 35, 1	2, 26, 10, 34	26, 24, 32	22, 19, 29, 40	19, 1	27, 26, 1, 13
37	控制和测量的复杂性	18, 28, 32, 9	3, 27, 29, 18	27, 40, 28, 8	26, 24, 32, 28		22, 19, 29, 28	2, 21	5, 28, 11, 29
38	自动化程度	24, 28, 35, 30	35, 13	11, 27, 32	28, 26, 10, 34	28, 26, 18, 23	2, 33	2	1, 26, 13
39	生产率		35, 38	1, 35, 10, 38	1, 10, 34, 28	18, 10, 32, 1	22, 35, 13, 24	35, 22, 18, 39	35, 28, 2, 24

（续）

		33	34	35	36	37	38	39
1	运动物体的重量	35, 3, 2, 24	2, 27, 28, 11	29, 5, 15, 8	26, 30, 36, 34	28, 29, 26, 32	26, 35 18, 19	35, 3, 24, 37
2	静止物体的重量	6, 13, 1, 32	2, 27, 28, 11	19, 15, 29	1, 10, 26, 39	25, 28, 17, 15	2, 26, 35	1, 28, 15, 35
3	运动物体的长度	15, 29, 35, 4	1, 28, 10	14, 15, 1, 16	1, 19, 26, 24	35, 1, 26, 24	17, 24, 26, 16	14, 4, 28, 29
4	静止物体的长度	2, 25	3	1, 35	1, 26	26		30, 14, 7, 26
5	运动物体的面积	15, 17, 13, 16	15, 13, 10, 1	15, 30	14, 1, 13	2, 36, 26, 18	14, 30, 28, 23	10, 26, 34, 2
6	静止物体的面积	16, 4	16	15, 16	1, 18, 36	2, 35, 30, 18	23	10, 15, 17, 7
7	运动物体的体积	15, 13, 30, 12	10	15, 29	26, 1	29, 26, 4	35, 34, 16, 24	10, 6, 2, 34
8	静止物体的体积		1		1, 31	2, 17, 26		35, 37, 10, 2
9	速度	32, 28, 13, 12	34, 2, 28, 27	15, 10, 26	10, 28, 4, 34	3, 34, 27, 16	10, 18	
10	力	1, 28, 3, 25	15, 1, 11	15, 17, 18, 20	26, 35, 10, 18	36, 37, 10, 19	2, 35	3, 28, 35, 37
11	应力或压力	11	2	35	19, 1, 35	2, 36, 37	35, 24	10, 14, 35, 37
12	形状	32, 15, 26	2, 13, 1	1, 15, 29	16, 29, 1, 28	15, 13, 39	15, 1, 32	17, 26, 34, 10
13	结构的稳定性	32, 35, 30	2, 35, 10, 16	35, 30, 34, 2	2, 35, 22, 26	35, 22, 39, 23	1, 8, 35	23, 35, 40, 3
14	强度	32, 40, 25, 2	27, 11, 3	15, 3, 32	2, 13, 25, 28	27, 3, 15, 40	15	29, 35, 10, 14
15	运动物体的作用时间	12, 27	29, 10, 27	1, 35, 13	10, 4, 29, 15	19, 29, 39, 35	6, 10	35, 17, 14, 19
16	静止物体的作用时间	1	1	2		25, 34, 6, 35	1	20, 10, 16, 38
17	温度	26, 27	4, 10, 16	2, 18, 27	2, 17, 16	3, 27, 35, 31	26, 2, 19, 16	15, 28, 35
18	光照度	28, 26, 19	15, 17, 13, 16	15, 1, 19	6, 32, 13	32, 15	2, 26, 10	2, 25, 16
19	运动物体的能量	19, 35	1, 15, 17, 28	15, 17, 13, 16	2, 29, 27, 28	35, 38	32, 2	12, 28, 35
20	静止物体的能量					19, 35, 16, 25		1, 6
21	功率	26, 35, 10	35, 2, 10, 34	19, 17, 34	20, 19, 30, 34	19, 35, 16	28, 2, 17	28, 35, 34
22	能量损失	35, 32, 1	2, 19		7, 23	35, 3, 15, 23	2	28, 10, 29, 35
23	物质损失	32, 28, 2, 24	2, 35, 34, 27	15, 10, 2	35, 10, 28, 24	35, 18, 10, 13	35, 10, 18	28, 35, 10, 23
24	信息损失	27, 22				35, 33	35	13, 23, 15
25	时间损失	4, 28, 10, 34	32, 1, 10	35, 28	6, 29	18, 28, 32, 10	24, 28, 35, 30	
26	物质或事物的数量	35, 29, 25, 10	2, 32, 10, 25	15, 3, 29	3, 13, 27, 10	3, 27, 29, 18	8, 35	13, 29, 3, 27
27	可靠性	27, 17, 40	1, 11	13, 35, 8, 24	13, 35, 1	27, 40, 28	11, 13, 27	1, 35, 29, 38
28	测量精度	1, 13, 17, 34	1, 32, 13, 11	13, 35, 2	27, 35, 10, 34	26, 24, 32, 28	28, 2, 10, 34	10, 34, 28, 32
29	制造精度	1, 32, 35, 23	25, 10		26, 2, 18		26, 28, 18, 23	10, 18, 32, 39
30	作用于物体的有害因素	2, 25, 28, 39	35, 10, 2	35, 11, 22, 31	22, 19, 29, 40	22, 19, 29, 40	33, 3, 34	22, 35, 13, 24
31	物体产生的有害因素			19, 1, 31	2, 21, 27, 1	2	22, 35, 18, 39
32	可制造性	2, 5, 13, 16	35, 1, 11, 9	2, 13, 15	27, 26, 1	6, 28, 11, 1	8, 28, 1	35, 1, 10, 28
33	可操作性		12, 26, 1, 32	15, 34, 1, 16	32, 26, 12, 17		1, 34, 12, 3	15, 1, 28
34	可维修性	1, 12, 26, 15		7, 1, 4, 16	35, 1, 13, 11		34, 35, 7, 13	1, 32, 10
35	适应性及通用性	15, 34, 1, 16	1, 16, 7, 4		15, 29, 37, 28	1	27, 34, 35	35, 28, 6, 37
36	系统的复杂性	27, 9, 26, 24	1, 13	29, 15, 28, 37		15, 10, 37, 28	15, 1, 24	12, 17, 28
37	控制和测量的复杂性	2, 5	12, 26	1, 15	15, 10, 37, 28		34, 21	35, 18
38	自动化程度	1, 12, 34, 3	1, 35, 13	27, 4, 1,35	15, 24, 10	34, 27, 25		5, 12, 35, 26
39	生产率	1, 28, 7, 10	1, 32, 10, 25	1, 35, 28, 37	12, 17, 28, 24	35, 18, 27, 2	5, 12, 35, 26	

参 考 文 献

[1] 檀润华. 创新设计——TRIZ：发明问题解决理论［M］. 北京：机械工业出版社，2002.
[2] 檀润华. 发明问题解决理论［M］. 北京：科学出版社，2004.
[3] 杨清亮. 发明是这样诞生的——TRIZ 理论全接触［M］. 北京：机械工业出版社，2006.
[4] 赵新军. 技术创新理论（TRIZ）及应用［M］. 北京：化学工业出版社，2004.
[5] 赵敏，史晓凌，段海波. TRIZ 入门及实践［M］. 北京：科学出版社，2009.
[6] Altshuller G S. 创造是一门精密的科学［M］. 魏相，徐明，译. 广州：广东人民出版社. 1987.
[7] Altshuller G S. 创新算法［M］. 谭培波，茹海燕，Wenling Babbitt，译. 武汉：华中科技大学出版社，2008.
[8] Altshuller G S. 哇，发明家诞生了——TRIZ 创造性解决问题的理论与方法［M］. 范怡红，黄玉霖，译. 成都：西南交通大学出版社，2004.
[9] Altshuller G S. 实现技术创新的 TRIZ 诀窍［M］. 林岳，李海军，段海波，译. 哈尔滨：黑龙江科学技术出版社，2008.
[10] 尤里萨拉马托夫. 怎样成为发明家——50 小时学创造［M］. 王子曦，郭越红，高婷，等译. 北京：北京理工大学出版社，2006.
[11] 李海军，丁雪燕. 经典 TRIZ 通俗读本［M］. 北京：中国科学技术出版社，2009.
[12] 林岳，谭培波，史晓凌，等. 技术创新实施方法论 DAVO［M］. 北京：中国科学技术出版社，2009.
[13] 奥尔洛夫. 用 TRIZ 进行创造性思考实用指南［M］. 2 版. 陈劲，等译. 北京：科学出版社，2010.
[14] Kalevi Rantanen，Ellen Domb. 简约 TRIZ——面向工程师的发明问题解决原理［M］. 檀润华，曹国忠，江屏，等译. 北京：机械工业出版社，2010.
[15] 檀润华. TRIZ 及应用——技术创新过程与方法［M］. 北京：高等教育出版社，2010.
[16] 沈世德. TRIZ 简明教程［M］. 北京：机械工业出版社，2010.